高职高专"十二五"规划教材

典型精细化学品小试技术

吕路平 主编 童国通 瞿少敏 副主编

化学工业出版社
·北京·

本书根据高职高专教育的特点和要求,坚持基础知识够用为度的原则,重点介绍了精细化学品研发的小试方法和知识。本书的内容主要分两个部分:一是精细化工的基础知识,二是来自于企业的真实项目。

精细化工的基础知识主要介绍精细化学品小试的实验规范、常用操作、典型的项目,包括精细化工实训室规范,正交实验法,CNKI数字图书馆使用,反应装置、加热与冷却操作,减压过滤操作,回流、分水操作,减压蒸馏及分馏技术,重结晶及干燥技术,薄层色谱技术,柱层析技术,从茶叶中提取咖啡因,抗癫痫药物苯妥英锌的合成。

第二部分是来自企业的真实项目,经过选择提炼,把真实项目中的典型技能和知识融合在一起,并能够结合生产实际,对教学更有针对性,也更能引起学生的兴趣。

本书可作为高职高专院校化工类专业教材和企业培训教材,同时,还可作为从事精细化工生产及管理人员的参考书。

图书在版编目(CIP)数据

典型精细化学品小试技术/吕路平主编.—北京:
化学工业出版社,2014.6(2025.2重印)
高职高专"十二五"规划教材
ISBN 978-7-122-20274-1

Ⅰ.①典… Ⅱ.①吕… Ⅲ.①精细化工-化工产
品-高等职业教育-教材 Ⅳ.①TQ072

中国版本图书馆 CIP 数据核字(2014)第 068993 号

责任编辑:窦　臻　　　　　　文字编辑:冯国庆
责任校对:陶燕华　　　　　　装帧设计:张　辉

出版发行:化学工业出版社(北京市东城区青年湖南街 13 号　邮政编码 100011)
印　　装:北京科印技术咨询服务有限公司数码印刷分部
787mm×1092mm　1/16　印张 10¼　字数 253 千字　2025 年 2 月北京第 1 版第 6 次印刷

购书咨询:010-64518888　　　　　　　售后服务:010-64518899
网　　址:http://www.cip.com.cn
凡购买本书,如有缺损质量问题,本社销售中心负责调换。

定　　价:29.00 元

前　言

精细化学品（fine chemicals）一般是指产量小、纯度高、价格贵的化工产品，如医药、染料、涂料、农药、表面活性剂、催化剂、助剂和化学试剂等，也包括食品添加剂、饲料添加剂、油田化学品、电子用化学品、皮革化学品、功能高分子材料和生命科学用材料。欧美一些国家把产量小、经过加工配制、具有专门功能或最终使用性能的产品称为专用化学品（specialty chemicals）。中国、日本等则把这两类产品统称为精细化学品。

精细化学品与能源、信息、生物化工以及材料学科之间的联系非常紧密，它在我国现代化建设中的作用越来越重要，已成为不可替代、不可或缺的关键一环。精细化工产业在中国，乃至在世界，依然是朝阳产业，前景一片光明。

随着精细化工行业的发展，国家对精细化工方面的高技能人才的要求也越来越高，传统的教学方法和教学内容已经不能满足现代精细化工企业的需求，这就需要我们不断进行教学内容和方法的改革。

本教材的特点是强调在引导学生完成工作任务的同时构建理论知识，体现从行动中学习知识，教材的知识目标服从于应用，与学生驾驭知识的能力相匹配，以工作任务为中心来整合相应的知识，使学生在完成任务的过程中训练工作能力、学习能力，学习做人做事，掌握以工作任务为中心重新整合、构建起来的系统的应用知识体系，同时，知识的掌握将服务于能力的构建。

在本教材的建设中，希望能解决工学结合的课程在打破学科体系后应该建立什么样的知识体系的问题，强调专业学习的目的是掌握合理的专业知识与技能，独立解决专业问题的能力。

本教材主要分两个模块：模块一 基础项目，主要介绍精细化学品小试的实验规范、常用操作、典型的项目；模块二 企业真实项目，其内容主要来自企业真实项目，经过课程组老师的选择提炼，把真实项目中的典型技能和知识融合在一起，并能够结合生产实际，对教学更有针对性，也更能引起学生的兴趣。两个模块项目的安排都按照从简单到复杂的认知规律进行选择和编排。

模块一中的项目一认识精细化工实训室，项目四反应装置、加热与冷却操作，项目五减压过滤技术，项目六回流、分水操作，项目七减压蒸馏技术，项目八重结晶技术，项目九薄层色谱技术，项目十柱层析技术，项目十一从茶叶中提取咖啡因，项目十二抗癫痫药物苯妥英锌的合成由吕路平负责编写；项目二正交实验法由谢建武负责编写；项目三 CNKI 数字图书馆使用由丁晓民负责编写。模块二企业真实项目主要来自浙江传化股份有限公司与杭州沿山化工有限公司，由瞿少敏高级工程师负责项目的选择和设计。模块二中的内容主要由吕路平负责编写，其中项目二十一分散染料甲基橙的制备由童国通负责编写，项目二十二 助剂在乳胶漆中的应用由张永昭负责编写。杭州职业技术学院俞铁铭，新余学院医学与生命科学学院黎小军，泰山医学院药学院夏成才等老师参与了该教材的部分编写，也感谢他们的工作。

由于编者水平所限，书中不足之处希望广大读者批评指正。

编者

2014 年 2 月

目　录

模块一　基础项目

模块二　企业真实项目

模块一

基/础/项/目

项目一　认识精细化工实训室

> **知识目标**
>
> 1. 了解精细化工实训室安全知识及事故处理方法。
> 2. 了解实训室常用仪器名称。
>
> **技能目标**
>
> 1. 能说出部分精细化工实训室安全知识。
> 2. 会精细化工实训室事故处理方法。
> 3. 能识别实训室常用仪器。

项目背景

精细化学品指产量小、纯度高、价格贵的化工产品，如医药、染料、涂料等。但是，这个含义还没有充分揭示精细化学品的本质。近年来各国专家对精细化学品的定义有了一些新的见解，欧美一些国家把产量小、按不同化学结构进行生产和销售的化学物质，称为精细化学品（fine chemicals）；把产量小、经过加工配制、具有专门功能或最终使用性能的产品，称为专用化学品（specialty chemicals）。中国、日本等则把这两类产品统称为精细化学品。

中国精细化工产品包括 11 个产品类别：农药、染料、涂料（包括油漆和油墨）、颜料、试剂和高纯物质、信息用化学品（包括感光材料、磁性材料等能接受电磁波的化学品）、食品和饲料添加剂、黏合剂、催化剂和各种助剂、（化工系统生产的）化学药品（原料药）和日用化学品、高分子聚合物中的功能高分子材料（包括功能膜、偏光材料等）。

精细化工实训室是研究开发精细化学品的试验场所，由于精细化工实验所需的化学试剂多数具有易燃、有毒、强腐蚀的特性，并且实训经常需要在高温或高压条件下完成，产物又多为有机废液，实训危险性较大，易发生安全事故。因此必须加强精细化工专业实验室的安全建设与管理，防止事故发生，保证实验人员人身及学校财产安全。

项目分析

安全隐患是指能够导致伤害事故发生的人的不安全行为、物的不安全状态或管理制度上的缺陷等。精细化工专业实验所需的药品多为危险的有机试剂，反应条件要求高，反应过程复杂。针对这些特点，下面分析精细化工实验室中几种主要的安全隐患。

一、火灾隐患

火灾事故是高校实验室较容易发生的一种安全事故。部分高校供电设备设施陈旧、线路老化，常发生短路、操作人员用电不当等，都极易引起火灾。在做精细化工实验时经常需要加热、搅拌、抽真空、冷凝、烘干等步骤同时进行，这样需要的电源多、容量大、线路乱，易发生安全事故。实验室里的有机试剂也是一个重要的火灾隐患，有些有机试剂具有易燃或易爆的特性，如果管理、操作不规范就可能引起火灾事故。某校一名学生在做毕业论文实验时，由于疏忽忘记在反应物中加入沸石，发现后这名学生在反应进行时直接加入沸石，结果反应物发生了爆沸，喷出的有机反应物落到了加热装置里引起着火。幸好当时处置得当，及时用灭火器把火扑灭，避免了更大的损失。

二、有机化学试剂

由于精细化工实验室的药品多数具有易燃、易爆、腐蚀、有毒的特性，如丙酮、三氯甲烷、三氯氧磷、甲醛等，所以加强试剂管理、预防发生安全事故尤为重要。例如，有的学生在刚进入实验室时对有机试剂的危害性认识不够，用嘴去吸移液管以获取化学试剂和溶液，导致试剂入口造成伤害。对一些易挥发、易燃的有机试剂（如乙醚、丙酮），操作时周围不能有明火，通风要良好，否则蒸气浓度增大时易发生着火、爆炸。还有些有机试剂可以通过呼吸、皮肤渗透到人体内，短时不会有反应，但会给人体造成长期潜在的损害。

三、"三废"的处理

实验结束时产生的废气、废渣、废液处理不好，就会造成环境污染和安全事故。精细化工实验产生的废气和废渣很少，相比之下废液的收集处理更复杂、更具有危险性。废液中的反应物、中间体、生成物的化学性质不同，如果在收集时没有进行分类，而是混合在一起，极易发生剧烈的化学反应，如过氧化物与盐酸等挥发性酸、铵盐及挥发性胺与碱等，会产生有毒气体、引发火灾，甚至发生爆炸等安全事故。

 **任务实施** 精细化工实训室规范和实训室常用仪器认识

任务一 精细化工实训室规范

如图 1-1 所示是常见的化学药品室，如图 1-2 所示是常见的合成实训室。

一、精细化工实训室安全

① 熟悉仪器、设备性能和使用方法，按规定要求进行操作。

② 凡进行有危险性的实训，应先检查防护措施，确认防护妥当后，才可进行实训。实训中不得擅自离开，实训完成后立即做好善后清理工作，以防事故发生。

③ 凡有有害或有刺激性气体产生的实训都应在通风柜内进行，加强个人防护，不得把头部伸进通风柜内。

④ 腐蚀和刺激性药品，如强酸、强碱、氨水、过氧化氢、冰醋酸等，取用时尽可能带上橡胶手套和防护眼镜，倾倒时，切勿直对容器口俯视，吸取时，应该使用橡胶球。开启有毒气体容器时应戴防毒用具。禁用裸手直接拿取上述物品。

⑤ 不使用无标签（或标志）容器盛放的试剂和试样。

⑥ 实训中产生的废液、废物应集中处理，不得任意排放；酸、碱或有毒物品溅落时，应及时清理及除毒。

⑦ 往玻璃管上套橡胶管（塞）时，管端应烧圆滑，并用水或甘油浸湿橡胶管（塞）内

图 1-1 常见的化学药品室

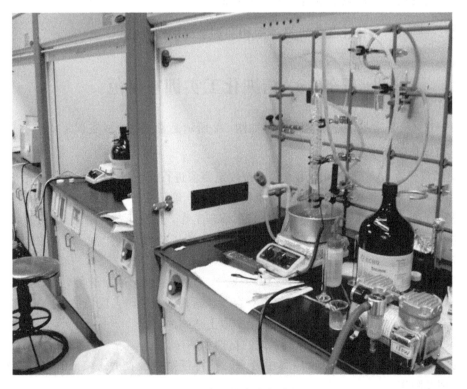

图 1-2 常见的合成实训室

部，用布裹手，以防玻璃管破碎割伤手。尽量不要使用薄壁玻璃管。

⑧ 严格遵守安全用电规程。不使用绝缘损坏或接地不良的电器设备，不准擅自拆修电器。

⑨ 实训完毕，实训人员必须洗手后方可进食，并不准把食物和食具带进化验室。化验室内禁止吸烟。

⑩ 实训结束，离室前要检查水、电、气和门窗，确保安全。

二、精细化工实训室事故处理方法

（1）创伤　伤处不能用手抚摸，也不能用水洗涤。若是玻璃创伤，应先把碎玻璃从伤处挑出。轻伤可涂以紫药水（或红汞、碘酒），必要时撒些消炎粉或敷些消炎膏，用绷带包扎。

（2）烫伤　不要用冷水洗涤伤处。伤处皮肤未破时，可涂擦饱和碳酸氢钠溶液或用碳酸氢钠粉调成糊状敷于伤处，也可抹獾油或烫伤膏；如果伤处皮肤已破，可涂些紫药水或1%的高锰酸钾溶液。

（3）受酸腐蚀致伤　先用大量水冲洗，再用饱和碳酸氢钠溶液（或稀氨水、肥皂水）清洗，最后再用水冲洗。如果酸液溅入眼内，用大量水冲洗后，送校医院诊治。

（4）受碱腐蚀致伤　先用大量水冲洗，再用2%的醋酸溶液或饱和硼酸溶液清洗，最后再用水冲洗。如碱溅入眼中，则用硼酸溶液清洗。

（5）受溴腐蚀致伤　用苯或甘油洗濯伤口，再用水洗。

（6）受磷灼伤　用1%的硝酸银、5%的硫酸铜或浓高锰酸钾溶液洗濯伤口，然后包扎。

（7）吸入刺激性或有毒气体　吸入氯气、氯化氢气体时，可吸入少量酒精和乙醚的混合蒸气使其解毒。吸入硫化氢或一氧化碳气体而感不适时，应立即到室外呼吸新鲜空气。但应注意氯气、溴中毒不可进行人工呼吸，一氧化碳中毒不可施用兴奋剂。

（8）毒物进入口内　将5～10mL稀硫酸铜溶液加入一杯温水中，内服后，用手指伸入咽喉部，促使呕吐，吐出毒物，然后立即送医院。

（9）触电　首先切断电源，然后在必要时进行人工呼吸。

任务二　实训室常用仪器认识

如图1-3所示是小试过程中的常用仪器。

 **知识链接**　**GLP 实验室**

GLP（good laboratory practice）中文直译为优良实验室规范。GLP规范是就实验研究从计划、实验、监督、记录到实验报告等一系列管理而制定的法规性文件，涉及实验室工作的所有方面。它主要是针对医药、农药、食品添加剂、化妆品、兽药等进行的安全性评价实验而制定的规范。制定GLP实验室的主要目的是严格控制化学品安全性评价试验的各个环节，即严格控制可能影响实验结果准确性的各种主客观因素，降低试验误差，确保实验结果的真实性。

一、实验领域

2003年国家食品药品监督管理局（SFDA）第一次对全国药品临床前安全评价实验室进行了试点检查，包括国家药物安全评价监测中心（NCSED）在内的4家实验室通过了SF-

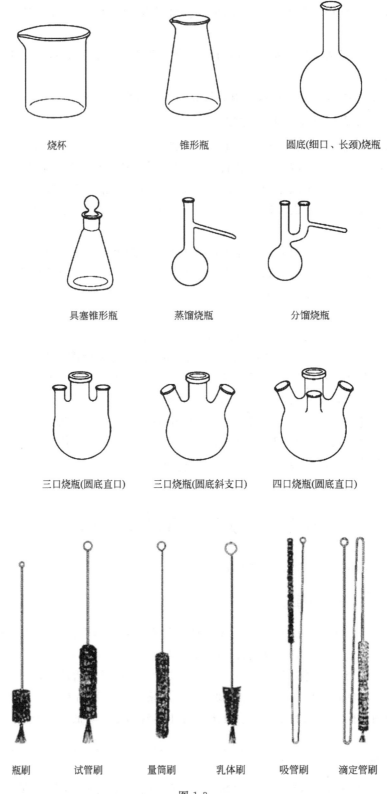

烧杯　　　　锥形瓶　　　　圆底(细口、长颈)烧瓶

具塞锥形瓶　　　　蒸馏烧瓶　　　　分馏烧瓶

三口烧瓶(圆底直口)　　　　三口烧瓶(圆底斜支口)　　　　四口烧瓶(圆底直口)

瓶刷　　　试管刷　　　量筒刷　　　乳体刷　　　吸管刷　　　滴定管刷

图 1-3

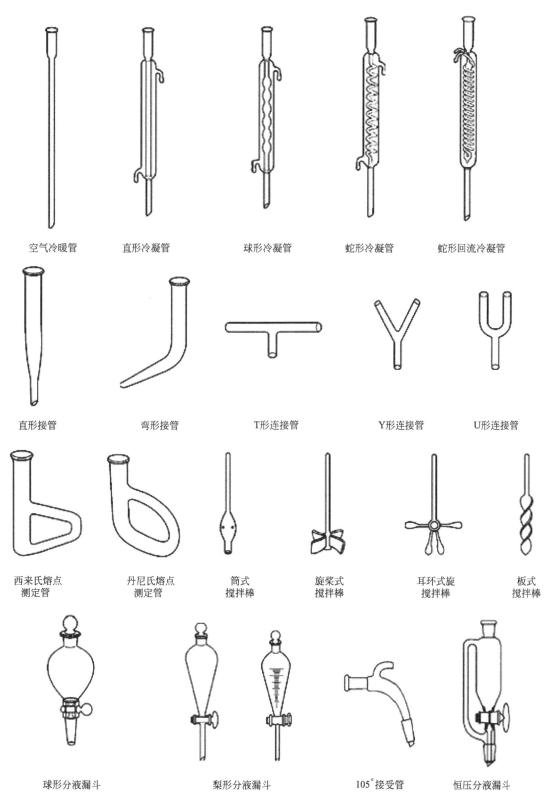

空气冷暖管　　直形冷凝管　　球形冷凝管　　蛇形冷凝管　　蛇形回流冷凝管

直形接管　　弯形接管　　T形连接管　　Y形连接管　　U形连接管

西来氏熔点
测定管　　丹尼氏熔点
测定管　　筒式
搅拌棒　　旋桨式
搅拌棒　　耳环式旋
搅拌棒　　板式
搅拌棒

球形分液漏斗　　梨形分液漏斗　　105°接受管　　恒压分液漏斗

图 1-3

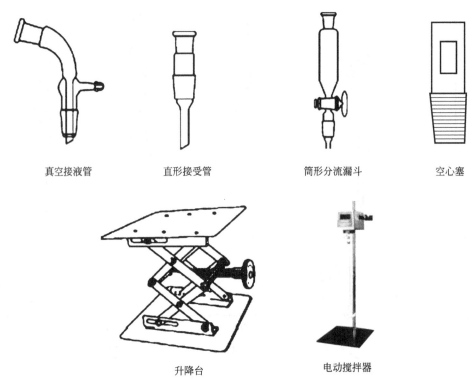

真空接液管　　　　　直形接受管　　　　　筒形分流漏斗　　　　　空心塞

升降台　　　　　　　　　　　电动搅拌器

图 1-3　小试过程中的常用仪器

DA 的认可，至 2009 年 1 月全国已经有超过 30 家单位获得了药品临床前安全评价 GLP 实验室的资格。

2009 年国家药物安全评价监测中心（NCSED）接受了美国食品药品管理局（FDA）第一次对中国的 GLP 实验室进行的非针对项目检查，本次检查持续了 7 天，并最终通过了 FDA 的认可，使得该中心成为我国首个通过国际 GLP 认可的机构〔相关信息可于国家食品药品监督管理局（SFDA）网站查询〕。

二、化学品领域

国家认监委批准上海化工研究院检测中心通过良好实验室规范（英文简称 GLP）评价，该实验室成为认监委批准的首家化学品安全评价 GLP 实验室，标志着国家认监委 GLP 监控体系取得重大进展。根据 2008 年 6 月 1 日开始实施的欧盟 REACH 法规的相关规定，进入欧盟市场的所有化学品必须在规定的时间内凭 GLP 实验室出具的安全性评价数据到相关部门登记注册，方可在欧洲市场销售。

我国化学品对欧贸易量逐年递增，REACH 法规的实施对我国的化学品贸易造成了严重影响。目前国内还没有获得有关国际组织认可的 GLP 实验室，相关的产品安全性评价工作只能依靠国外的 GLP 实验室，检测费用高昂，企业为此付出较高的成本。

为服务于我国的出口贸易，使我国产品在国内即可获得 GLP 实验室的检测服务，按照国际通行原则建立我国的 GLP 实验室监控体系，国家认监委从 2008 年 3 月开始组织开展 GLP 实验室评价试点工作。经认监委组织中国合格评定国家认可中心进行技术评审，正式批准上海化工研究院检测中心可以在化学品理化性质、毒性测试等领域按照 GLP 规范开展工作。对实现我国 GLP 实验室检测数据获得 OECD 等国际组织的承认具有重要意义。

思考题

1. 受酸腐蚀致伤应该怎么处理？
2. 往玻璃管上套橡胶管（塞）时，应注意哪些问题？
3. 实训结束后，要注意哪些方面？
4. GLP 的定义是什么？

项目二　正交实验法

项目背景

本项目是对实验方法的教学，教给学生科学的实验方法，提高实验的准确性和效率。"正交实验法"就是研究与处理多因素实验的一种科学有效的方法。它在实际经验与理论认识的基础上，利用一种排列整齐的规格化的表——"正交表"，来安排试验。由于正交表具有"均衡分散"的特点，能在考察范围内，选出代表性强的少数次试验条件，做到能均衡抽样。由于是均衡抽样，能够通过少数的试验次数，找到较好的生产条件，即最优或较优的方案。

正交实验法在西方发达国家已经得到广泛的应用，对促进经济的发展起到了很好的作用。在我国，正交实验法的理论研究工作已有了很大的进展，在工农业生产中也正在被广泛推广和应用，使这种科学的方法能够为经济发展服务。

项目分析

在生产和科研项目中，为了改革旧工艺或试制新产品，达到高产、优质、低消耗的目的，往往要通过试验来寻找最佳工艺条件，这就有一个合理安排试验的问题。试验安排得好，既可减少试验次数，缩短时间和避免盲目性，又能得到好的结果；试验安排得不好，试验次数既多，结果还不一定满意。

在方差分析中对于一个或两个因素的实验，可以对不同因素的所有可能的水平组合做实验，这叫做全面实验。当因素较多时，虽然理论上仍可采用前面的方法进行全面实验后再做相应的方差分析，但是在实际中有时会遇到实验次数太多的问题。例如，生产化工产品，需要提高收率（产品的实际产量与理论上投入的最大产量之比），认为反应温度的高低、加碱量的多少、催化剂种类等多种因素，都是造成收率不稳的主要原因。根据以往经验，选择温度的三个水平：80℃、85℃、90℃。加碱量的三个水平：35、48、55（kg）。催化剂的三个水平：甲、乙、丙三种。如果做全面实验，则需 $3 \times 3 \times 3 = 27$（次）。如果有 3 个因素，每个因素选取 4 个实验水平的问题，在每一种组合下只进行一次试验，所有不同水平的组合有 $4 \times 4 \times 4 = 64$（种），如果 6 个因素，5 个实验水平，全面实验的次数是 $5 \times 5 \times 5 \times 5 \times 5 \times 5 = 15625$（次）。对于这样一些问题，设计全面的实验耗时、费力，往往很难做到。因此，如何设计多因素实验方案，选择合理的实验设计方法，使其既能减少实验次数，又能收到较好的效果？"正交实验法"就是研究与处理多因素实验的一种科学、有效的方法。

 **任务实施**　利用正交表设计小试优化实验方案

任务一　认识正交表

下面先来介绍两个最常用的正交表，如图 2-1 所示。

正交表 L_8 (2^7)

试验号	列号						
	1	2	3	4	5	6	7
1	1	1	1	2	2	1	2
2	2	1	2	2	1	1	1
3	1	2	2	2	2	2	1
4	2	2	1	2	1	2	2
5	1	1	2	1	1	2	2
6	2	1	1	1	2	2	1
7	1	2	1	1	1	1	1
8	2	2	2	1	2	1	2

正交表 L_9 (3^4)

试验号	列号			
	1	2	3	4
1	1	1	3	2
2	2	1	1	1
3	3	1	2	3
4	1	2	2	1
5	2	2	3	3
6	3	2	1	2
7	1	3	1	3
8	2	3	2	2
9	3	3	3	1

图 2-1　常用正交表

正交表是正交试验设计中安排试验和分析试验结果的工具，如正交表 L_9 (3^4)，其中字母 L 表示正交表，L 右下角的数字 9 表示这张正交表有 9 行，即用这张表安排的方案要做九次试验，括号内右上角的指数 4 表示这张正交表有 4 列，用这张表安排试验，最多可以安排四个因素。括号内的底数 3 表示这张表内每列都只出现 1、2、3 三种数字，可以安排三个水平的因素。

观察表 L_9 (3^4)，可以看到正交表有下面两个特点。

① 每一列中，不同的数字出现的次数相同。如 L_9 (3^4) 中，数字 1、2、3 在每一列中都各出现三次。

② 任意两列组成的同行数对出现的次数相同。如 L_9 (3^4) 中，数对 (1, 1)、(1, 2)、(1, 3)、(2, 1)、(2, 2)、(2, 3)、(3, 1)、(3, 2)、(3, 3) 都各出现一次。

由于上述两个特点，用正交表安排的试验方案具有代表性，能够比较全面地反映各因素各水平对指标影响的大致情况。

任务二 用正交表安排实验方案——2,4-二硝基苯肼的工艺改革

一、试验目的与考核指标

2,4-二硝基苯肼是一种试剂产品,过去的生产工艺过程长、工作量大且产品经常不合格。某化工厂改革了工艺,采用2,4-二硝基氯代苯(以下简称氯代苯)与水合肼在乙醇作溶剂的条件下合成的新工艺。小试验已初步成功,但收率只有45%,希望用正交法找出好的生产条件,达到提高生产的目的。考核指标是产率(%)与外观(颜色)

二、制定因素位级表

影响试验结果的因素是多种多样的,通过分析矛盾,在集思广益的基础上,决定本试验需考察乙醇用量、水合肼用量、反应温度、反应时间、水合肼纯度和搅拌速率六种因素。对于这六个要考察的因素,现分别按具体情况选出要考察、比较的条件——正交法中称其为位级(或称为水平)。

因素A——乙醇用量,第一位级 A_1 = 200mL,第二位级 A_2 = 0mL(即中途不再加乙醇)。(挑选这个因素与相应的位级,是为了考察一下能否去掉中途加乙醇这道工序,从而节约一些乙醇)

因素B——水合肼用量,第一位级 B_1 = 理论量的2倍,第二位级 B_2 = 理论量的1.2倍(水合肼的用量应超过理论量,但应超过多少,心中无数。经过讨论,选了2倍和1.2倍两个位级来试一试)。

因素C——反应温度,第一位级 C_1 = 回流温度,第二位级 C_2 = 60℃(回流温度容易掌握,便于操作,但对反应是否有利呢?现另选一个60℃与其比较)。

因素D——反应时间,第一位级 D_1 = 4h,第二位级 D_2 = 2h

因素E——水合肼纯度,第一位级 E_1 = 精品(浓度为50%),第二位级 E_2 = 粗品(浓度为20%)(考察这个因素是为了看看能否用粗品取代精品,以降低成本与保障原料的供应)。

因素F——搅拌速率,第一位级 = 中快速,第二位级 = 快速(考察本因素及反应时间D,是为了看看不同的操作方法,对于产率和质量的影响)

现把以上的讨论,综合成一张因素位级表,见表2-1。

表2-1 因素位级表

因素	乙醇用量A	水合肼用量B	温度C	时间D	水合肼纯度E	搅拌速率F
位级1	200mL	理论量的2倍	回流	4h	精品	中快
位级2	0mL	理论量的1.2倍	60℃	2h	粗品	快速

由表2-1看出,不同的因素可以是不同的原料用量(如A、B),也可以是不同的操作方法(如C、D、F),或不同的原料(如E)等。至于每个因素要考察几个位级,这可根据需要及可能而定。可以选用二位级、三位级或更多的位级。

如果要把全部搭配都试验一遍,六因素二位级需要做 2^6 = 64次试验,如果用正交表 $L_8(2^7)$ 来安排,意味着从64次试验中挑出8个代表先做试验。

三、确定试验方案

表 L_8（2^7）最多能安排 7 个二位级的因素，本例有 6 个因素，可用该表来安排，具体过程如下。

1. 因素顺序上列

按照因素位级表中固定下来的六个因素的次序，即 A（乙醇用量）、B（水合肼用量）、C（反应温度）D（反应时间）、E（水合肼纯度）和 F（搅拌速率），顺序地放到 L_8（2^7）前面的六个直列上，每列上放一种。第 7 列没有放因素，那么，它在安排试验条件上不起作用，可将其去掉，见表 2-2。

表 2-2　正交实验安排表

因素 列号 试验号	乙醇用量 A	水合肼用量 B	温度 C	时间 D	水合肼纯度 E	搅拌速率 F
	1	2	3	4	5	6
1	1(200mL)	1(2 倍)	1(回流)	2(2h)	2(粗品)	1(中快)
2	2(0mL)	1(2 倍)	2(60℃)	2(2h)	1(精品)	1(中快)
3	1(200mL)	2(1.2 倍)	2(60℃)	2(2h)	2(粗品)	2(快)
4	2(0mL)	2(1.2 倍)	1(回流)	2(2h)	1(精品)	2(快)
5	1(200mL)	1(2 倍)	2(60℃)	1(4h)	1(精品)	2(快)
6	2(0mL)	1(2 倍)	1(回流)	1(4h)	2(粗品)	2(快)
7	1(200mL)	2(1.2 倍)	1(回流)	1(4h)	1(精品)	1(中快)
8	2(0mL)	2(1.2 倍)	2(60℃)	1(4h)	2(粗品)	1(中快)

2. 位级对号入座

六个因素分别在各列上安置好以后，再把相应的位级按因素位级表所确定的关系对号入座。第 1 列由 A（乙醇用量）所占有，那么，在第 1 列的四个号码"1"的后面，都写上（200mL），即因素位级表中因素 A 的位级 1 所对应的具体用量 A_1，在第一列的四个号码"2"的后面都写上（0mL），即 A_2。其余几列是类似的，见表 2-2。

3. 列出试验条件

表 2-2 是一张列好的实验安排表。表的每一横行代表要试验的一种条件，每种条件试验一次，该表共 8 个横行，因此要做 8 次试验。8 次试验的具体条件如下。

第 1 号试验：$A_1B_1C_1D_2E_2F_1$。具体内容是：乙醇用量，200mL；水合肼用量，理论量的 2 倍；反应温度，回流温度；反应时间：2h；水合肼纯度，粗品；搅拌速率，中快。

第 2 号：$A_2B_1C_2D_2E_1F_1$。同样可以写出另外六个试验条件。

到这里，就完成了试验方案的制订工作。通过正交表 L_8（2^7），从全体六十四种搭配中选了有规则的 8 个来做试验，这 8 个试验同时考察了六个因素，并且满足以下两条：①任何一个因素的任何一个位级都做了四次试验；②任何两个因素的任何一种位级都做了两次试验。因此这八个试验条件均衡地分散到全体 64 个搭配条件中，对全体有较强的代表性。

方案排好了，随后的任务是按照方案中规定的每号条件严格操作，并记录下每号条件的试验结果。至于 8 个试验的顺序，并无硬性规定，怎么方便怎么定。对于没有参加正交表的因素，最好让它们保持良好的固定状态；如果试验前已知其中某些因素的影响较小，也可以让它们停留在容易操作的自然状态。

任务三　实验结果分析

本例的考察指标是产品的产率和颜色。8个试验的结果填在表2-3的右方。

表 2-3　正交实验结果分析表

	试验计划						试验结果	
列号 因素 试验号	乙醇用量 A	水合肼用量 B	温度 C	时间 D	水合肼纯度 E	搅拌速率 F	产率 /%	颜色
	1	2	3	4	5	6		
1	1(200mL)	1(2倍)	1(回流)	2(2h)	2(粗品)	1(中快)	56	橘黄色
2	2(0mL)	1(2倍)	2(60℃)	2(2h)	1(精品)	1(中快)	65	紫色 橘黄色
3	1(200mL)	2(1.2倍)	2(回流)	2(2h)	2(粗品)	2(快)	54	橘黄色
4	2(0mL)	2(1.2倍)	1(60℃)	2(2h)	1(精品)	2(快)	43	橘黄色
5	1(200mL)	1(2倍)	2(回流)	1(4h)	1(精品)	2(快)	63	橘黄色
6	2(0mL)	1(2倍)	1(60℃)	1(4h)	2(粗品)	2(快)	60	橘黄色
7	1(200mL)	2(1.2倍)	1(60℃)	1(4h)	1(精品)	1(中快)	42	紫色 橘黄色
8	2(0mL)	2(1.2倍)	2(回流)	1(4h)	2(粗品)	1(中快)	42	橘黄色
Ⅰ=位级1四次产率之和	215	244	201	207	213	205		
Ⅱ=位级2四次产率之和	210	181	224	218	212	220		
极差 $R=|Ⅰ-Ⅱ|$	5	63	23	11	1	15		

一、直接看

直接比较8个试验的产率，容易看出：第2号试验的产率为65%，最高；其次是第5号试验，为63%。这些好效果，是通过试验的实践直接得到的，比较可靠。

对于另一项指标——外观，开始同时做这8个试验时，第2号和第7号是紫色，颜色不合格；而第2号的产率还是最高。为弄清出现紫色的原因，对这两号条件又各重复做一次试验，结果产率差别不大，奇怪的是，却得到橘黄色的合格品。这表明，对于产率，试验是比较准确的；对于颜色，还有重要因素没有考察，也没有固定在某个状态。工人师傅对这两号试验的前后两种情况进行具体分析后推测，影响颜色的重要因素可能是加料速度，决定在下批试验中进一步考察。

二、算一算

对于正交试验的数量结果，通过简单的计算，往往能由此找出更好的条件，也能粗略地估计一下哪些因素比较重要，以及各因素的好位级在什么地方，计算方法如下。

在表2-3每一列的下方，分别列出了Ⅰ，Ⅱ与极差R，它们的算法如下。

如第1列的因素为乙醇用量A，它的Ⅰ=215，是由这一列四个位级1（A_1）的产率加在一起得出的。第1列的数码"1"，Ⅰ（产率和数）=①+③+⑤+⑦=56+54+63+42=215。

同样Ⅱ=210，是由第1列中四个位级2（A_2）的产率加在一起得出的，即Ⅱ（产率和数）=②+④+⑥+⑧=65+43+60+42=210。

其他五列的计算Ⅰ、Ⅱ的方法，与第一列相同。至于各列的极差 R，由各列Ⅰ、Ⅱ两数中，用大数减去小数即得。

怎样看待这些计算所得的结果呢？首先，对于各列，比较其产率和数Ⅰ及Ⅱ的大小。若Ⅰ比Ⅱ大，则占有该列的因素的位级1，在产率上通常比位级2好；若Ⅱ比Ⅰ大，则占有该列的因素的位级2比位级1好。比如第4列的Ⅱ＝218，它比Ⅰ＝207大，这大致表明了时间因素2位级为好，即反应时间2h优于4h。

极差 R 的大小用来衡量试验中相应因素作用的大小。极差大的因素，意味着它的两个位级对于产率所造成的差别比较大，通常是重要因素。而极差小的因素往往是不重要的因素。在本例中，第2列（水合肼用量B所占有）的 $R=63$，比其他各列的极差大。它表明对产率来说，水合肼的用量是重要的因素，理论量的2倍比1.2倍明显地提高了产率。要想再提高产率，可对水合肼用量详加考察，决定在第二批实验中进行。第3、6和4列的 R 分别是23.5和11，相对来说居中，表明反应温度、搅拌速率和反应时间是二等重要的因素，生产中可采用它们的好位级，本例中为 C_2、F_2 和 D_2。第1列的 $R=5$，第5列的 $R=1$，极差值都很小，说明两个位级的产率差不多，因而这两个因素是次要因素。本着减少工序、节约原料、降低成本和保障供应的要求，选用了不加乙醇（去掉这道工序）A_2 和用粗品水合肼 E_2 这两个位级。对于次要因素，选用哪个位级都可以，应根据节约方便的原则来选用。

三、直接看和算一算的关系

直接看，第2号的产率65%和第5号的产率63%比做正交试验前的45%提高了很多。但毕竟只做了8次试验，仅占六因素二位级搭配完全的 $2^6=64$ 个条件的1/8，即使不改进位级，也还有继续提高的可能。"算一算"的目的就是为了展望一下更好的条件。对于大多数项目，"算一算"的好条件（当它不在已做过的8个条件中时），将会超过"直接看"的好条件。不过，对于少部分项目，"算一算"的好条件却比不上"直接看"的。由此可见，"算一算"的好条件（本例中为 $A_2B_1C_2D_2E_2F_2$）还只是一种可能好的配合。

任务四　实验结果的应用

在第一批试验的基础上，为弄清影响颜色的原因及进一步提高产率，决定再撒一个小网，做第二批正交试验。

一、制定因素位级表

因素位级表见表2-4。

表 2-4　因素位级表

因素	水合肼用量	时间	加料速度
位级1	1.7倍	2h	快
位级2	2.3倍	4h	慢

水合肼是上批试验中最重要的因素，应该详细考察。现改变用量，在2倍量左右，再取1.7倍与2.3倍两个新用量继续试验。另外，在追查出现紫色原因的验证试验后，猜想加料速度可能是影响颜色的重要原因，因此在这批试验中要着重考察这个猜想。关于反应时间，因为第一线的同志对于用2h代替4h特别重视，所以再比较一次。

对于上批试验的其他因素，为了节约与方便，这一批决定去掉中途"加乙醇"这道工序；用"快速搅拌"；"反应温度60℃"虽然比回流好，但60℃难于控制，决定用60～70℃。另外，一律采用粗品水合肼。

二、利用正交表确定试验方案

$L_4(2^3)$是两位级的表，最多能安排3个两位级的因素，本批试验用它来安排是很合适的。

至于填表及确定试验方案的过程，即所谓"因素顺序上列"、"位级对号入座"及列出试验条件的过程已经介绍过，不再细述。现将试验计划与试验结果列于表2-5。

表 2-5　正交试验结果分析表

试验计划					试验结果
因素 列号 试验号	水合肼用量 A	时间 B	加料速度 C	产率/%	颜色
	1	2	3		
1	1(1.7倍)	1(2h)	1(快)	62	不合格
2	2(2.3倍)	1	2(慢)	86	合格
3	1	2(4h)	2	70	合格
4	2	2	1	70	不合格
Ⅰ＝位级1二次产率之和 Ⅱ＝位级2二次产率之和	132 156	148 140	132 156	Ⅰ＋Ⅱ＝288＝总和	
极差 $R=|Ⅰ-Ⅱ|$	24	8	24		

三、试验结果的分析

关于颜色，"快速加料"的第1、4号试验都出现紫色不合格品，而"慢速加料"的第2、3号试验都出现橘黄色的合格品。另外两个因素的各个位级，紫色和橘黄色各出现一次，这说明它们对于颜色不起决定性的影响。由此看出，加料速度是影响颜色的重要因素，应该慢速加料。

关于产率，从"直接看"与"算一算"来看，都是第2号的最高。

最后顺便提一下投产效果。通过正交试验法，决定用下列工艺投产：用工业2,4-二硝基氯代苯与粗品水合肼在乙醇溶液中合成，水合肼用量为理论量的2.3倍，反应时间为2h，温度掌握在60～70℃，采用慢速加料与快速搅拌。效果是：平均产率超过80%，从未出现紫色产品，质量达到出口标准。总之，这是一个较优的方案，可以达到优质、高产、低消耗的目的。

 **知识链接　正交试验法的一般步骤**

一、一般步骤

在这里，将正交试验法的一般步骤小结一下。

第一步：明确试验目的，确定考核指标。

第二步：挑因素，选位级，选择合适的正交表，制定因素位级表，确定试验方案。

第三步：对试验结果进行分析，如下所示。

① 直接看。

② 算一算。

a. 各位级的指标和与极差的计算。

b. 区分因素的主次及位级的优劣，得出可能好配合或大范围的可能好配合。

③ 综合"直接看"和"算一算"这两步的结果，并参照实际经验与理论上的认识，提出展望。

关于第一步和第三步，前面例子已说得比较清楚。下面只对第二步作些补充。

二、关于挑选因素

先把试验过程中有关的因素排一排队，分一下类。

一类是由于测试技术未臻完善，测不出因素的数值（或者得不到定性的了解）。这样就无法看出因素的不同位级的差别，也就是说看不出因素的作用，所以不能列为被考察的因素。

一类是虽然能测出因素的量，但由于控制手段还不具备，不能把因素控制在指定的用量上，那么也不能作为正交表考察的因素，因为正交表每列的位级，都具有指定的用量。当然，所谓用量能否控制也是相对的。一方面，尽可能加强控制的准确性；另一方面，经过努力后，只要大体上能控制得住，误差不是很大，能区分开不同的位级，还是可以当作正交试验考察的因素。对于这类因素，在试验过程中，应随时记录它的实际观测数据。

除去以上两类正交表难以考察的因素外，在能控制住用量的各因素中，要考察哪些因素呢？这自然由试验工作者决定。但是，考虑到：①如果漏掉重要因素，可能大大降低试验效果；②正交表是安排多因素试验的得力工具，不怕因素多；③有时增加一两个因素，并不增加实验次数。因此，一般倾向于多考察这些因素。除了事先能肯定作用很小的因素不安排以外，凡是可能起作用或情况不明或意见有分歧的因素都值得考察。有时，为了减少工作量或简化手续层次，减少一些次要因素是可以的；另外，也有些试验，费用很高或单个试验花费的时间过长，不可能多做试验。这时，选一些重要因素先考察也是可以的，但不提倡这样办。

三、选择合用的正交表

1. 位级个数的确定

由做试验的目的及性质决定。

2. 正交表的选择

选择合用的正交表，主要考虑三个方面的情况：①考察因素的个数；②一批允许做试验的次数；③ 有无重点因素要详细考察。

实际上正交表的选择又与考察因素的位级个数有关，也就是说，位级数的确定与正交表的选择这两个问题是互相制约的，因为一旦正交表选定后，每列因素的位级数就随之而定，因此要经常放在一起考虑。

正交表的选择虽然是比较灵活的，并且常用的正交表也有几十张（本章列 4 张），但是，某一项试验该采用哪一张表，只要综合考虑以上三方面的情况，对具体问题进行具体分析，还是不难确定的。

3. 位级用量的选取

位级的选择同样是由实际问题决定的，它也不是按照什么一定的法则来安排的。但是必须注意不同位级要适当拉开，才能看出差别。

4. 制定因素位级表

因素及其不同位级的用量都选定以后，下一步就是制定因素位级表。对于各个因素，用哪个位级号码对应上哪个用量，这可以任意规定。但是，一经选定以后，试验过程中就不许再变。

5. 确定试验方案

因素位级表制定好以后，就可以在预先选好的正交表上填表，确定试验方案了。

以上只简单介绍了正交试验法的基本内容，如果同学们今后在实际工作中需要，请查找有关参考书。

附表：常用正交表

一、L_4（2^3）

试验号	列号		
	1	2	3
1	1	1	1
2	2	1	2
3	1	2	2
4	2	2	1

二、L_9（3^4）

试验号	列号			
	1	2	3	4
1	1	1	3	2
2	2	1	1	1
3	3	1	2	3
4	1	2	2	1
5	2	2	3	3
6	3	2	1	2
7	1	3	1	3
8	2	3	2	2
9	3	3	3	1

三、L_{18}（$6^1 \times 3^6$）

试验号	列号						
	1	2	3	4	5	6	7
1	1	1	3	2	2	1	2
2	1	2	1	1	1	2	1
3	1	3	2	3	3	3	3
4	2	1	2	1	2	3	1
5	2	2	3	3	1	1	3
6	2	3	1	2	3	2	2
7	3	1	1	3	1	3	2
8	3	2	2	2	3	1	1
9	3	3	3	1	2	2	3
10	4	1	1	1	3	1	3
11	4	2	2	3	2	2	2
12	4	3	3	2	1	3	1
13	5	1	3	3	3	2	1
14	5	2	1	2	2	3	3
15	5	3	2	1	1	1	2
16	6	1	2	2	1	2	3
17	6	2	3	1	3	3	2

思考题

1. 某轴承厂为了提高轴承退火的质量，制定因素位级表如下。

因素	上升温度/℃	保温时间/h	出炉温度/℃
位级1	800	6	400
位级2	820	8	500

用正交表 L_4（2^3）安排试验，并写出第3号试验条件。

2. 维生素 C 是一种人体必不可少的营养素，对于多种疾病有治疗作用，是一种常用的药品。为了提高维生素 C 的氧化率，降低成本，做了以下的正交试验，考核指标是氧化率。因素位级表如下。

因素	尿素/%	山梨糖/%	玉米浆/%	K_2HPO_4/%	$MgSO_4$/%	葡萄糖/%	$CaCO_3$/%
位级1	CP 0.7	7	1	0.4	0	0.25	0.4
位级2	CP 1.1	9	1.5	0.2	0.01	0	0.2
位级3	CP 1.5	11	2	2	0.02	0.5	0
位级4	工业 0.7						
位级5	工业 1.1						
位级6	工业 1.5						

用正交表 L_{18}（$6^1 \times 3^6$）安排试验，并写出第6号试验条件。

3. 为了提高某化工产品的转化率，选三个有关因素，每个因素取三个水平。

水平	因素		
	A 反应温度/℃	B 反应时间/min	C 用碱量/%
1	80	90	5
2	85	120	6
3	90	150	7

按正交表 L_9（3^4）安排试验，A、B、C 分别放在1、2、3列，获得9次试验结果（转化率，%）依次为31、54、38、53、49、42、57、62、64。算一算比较因素的主次，并求最优工艺条件。

项目三　CNKI 数字图书馆使用

⑦》项目背景

　　CNKI 系列源数据库是指以完整收录文献原有形态，经数字化加工，多重整序而成的专业文献数据库，包括《中国期刊全文数据库》、《中国优秀博硕士学位论文全文数据库》、《中国重要会议论文全文数据库》、《中国重要报纸全文数据库》、《中国年鉴全文数据库》等。

　　CNKI 源数据库系列集成国内 7600 多种期刊、35 万多本优秀博硕士学位论文、58 万本会议论文、700 多种报纸、约 1000 种年鉴等多种类型资源，总文献量达 3000 多万篇。数据每日更新，是目前中国最具权威、资源收录最全、文献信息量最大的动态资源体系，是中国最先进的知识服务与数字化学习平台。

　　CNKI 系列源数据库基于 CNKI 知识网络平台 KNS5.0，通过引证文献、参考文献、相似文献、读者推荐文献等相关文献链接，为每篇文献配置了"知网节"，构成了揭示知识结构和知识发展脉络的知识网络，将 CNKI 系列源数据库建构为知识网络型数据库，实现了各类文献资源的深度内容整合和增值服务。期刊、博硕士论文、会议论文、报纸、年鉴五种类型文献各具特色，并存在广泛的关联关系，整合应用，相辅相成，实现互补，能满足读者不同层次、不同目的的知识需求。

　　十余年来，CNKI 系列源数据库已经被中国大陆和海外的 7700 多个高校、政府、科研、医院、企业、中小学等各类机构所采用，拥有长期最终用户近 3000 万人，年下载量达 7.2 亿篇，是最终用户从事科学研究与科技创新、知识整合与知识管理、国情调研、管理与决策、情报搜集分析等工作和专业知识学习的不可或缺的数字化学习与研究工具。

⑦》项目分析

　　在实际工作中，如何利用 CNKI 数据库辅助管理与决策？下面将结合具体案例对检索方法进行详细讲解。

案例 1：哈尔滨市政府处理水污染事件。

案例 2：2013 年 12 月 27 日，国家发改委在《关于组织实施生物质工程高技术产业化专项的通知》中提到"开展燃料乙醇、生物柴油、生物质成型燃料、工业化沼气等在内的生物能源产品的产业化。"某科研机构希望就此文件中的"燃料乙醇产业化"申请"玉米燃料乙醇产业化"科研项目。此时，科研机构立项需要查新，主管该科研机构的政府部门审批也需要查新。

 CNKI 数据库使用

任务一 熟悉数据库

一、登录数据库

登录 www.cnki.net，自登录区登录，也可以通过数据库列表直接进入单库进行检索，新用户需先注册，如图 3-1 所示。

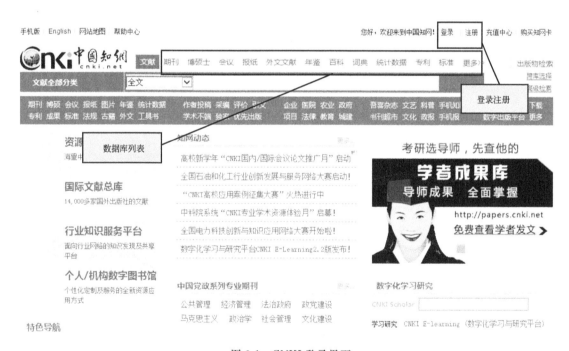

图 3-1 CNKI 登录界面

二、下载安装全文浏览器

如果您是第一次使用 CNKI 的产品服务，那么您需要下载并安装 CAJViewer6.0，才能看到文献的全文。CNKI 的所有文献都同时提供 CAJ 和 PDF 两种文件格式。如果您习惯使用 PDF，则可以跳过此节。我们推荐您使用 CAJ 浏览器，速度更快，针对学术文献的各种扩展功能更强。具体步骤如下。

① 登录 CNKI 后，在检索首页左侧，点击软件下载下"CAJViewer6.0"，进入下载页

面，如图 3-2 所示。

图 3-2　软件下载界面

　　② 点击"点击下载"后运行或者保存，根据提示进行相应选择和安装浏览器，如图 3-3 所示。

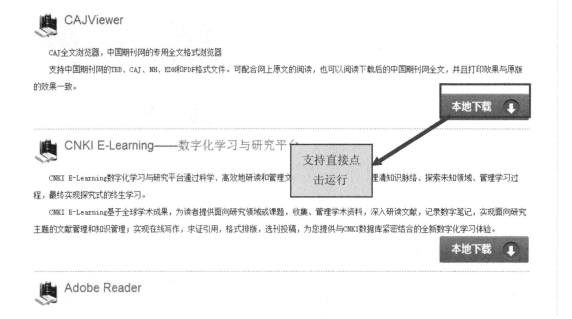

图 3-3　阅读软件下载界面

任务二 哈尔滨市政府处理水污染事件相关文献检索

一、事件回顾

2005 年 11 月 13 日，中石油吉林石化双苯厂发生爆炸，根据黑龙江省环保局监测报告，爆炸后可能造成松花江水体污染。哈尔滨市位于松花江下游，为了确保哈尔滨市生产、生活用水安全，哈尔滨市政府决定于 2005 年 11 月 23 日零时起，关闭松花江哈尔滨段取水口，停止向市区供水，具体恢复供水时间另行公告。公告一出，地震等各种传言随之而起，市民疯狂抢购、储备物资，市区一片恐慌。如果耽误了水污染的治理工作，不仅会引起哈尔滨市区群众的恐慌，甚至会引起国际纠纷（松花江流经俄罗斯领域）。但一时之间又如何从全国各地召集到众多化学专家一起讨论研究？此时，清华同方知网黑龙江办事处主任向哈市政府办公厅秘书处推荐了 CNKI。秘书处遂登录 CNKI 期刊库进行检索。

二、提炼检索词

利用数据库查询可能的解决办法，就从产生水污染的根源入手。因此提炼出"苯爆炸"和"水污染治理"两个词汇。

三、检索方法

① 在检索项中选择"全文检索"，输入检索词"水污染治理"，点击"检索"，检索结果为 25856 篇文献，如图 3-4 所示（注：CNKI 期刊库数据每日更新，该数据验证日期为 2013 年 9 月 28 日）。

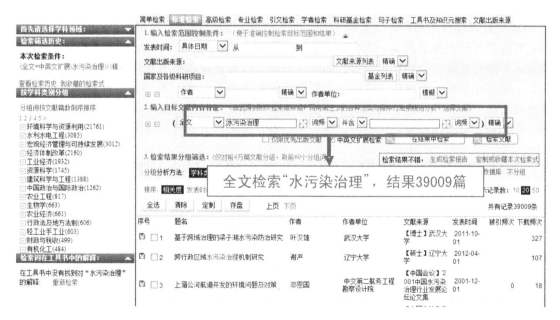

图 3-4 标准检索界面

② 检索项选择"主题"，在检索词输入"硝基苯"，选中"在结果中检索"，点击"在结果中检索"进行二次检索。检索结果为 97 篇文献，如图 3-5 所示。

这里需要注意，为了不遗漏有关"水污染治理"的任何办法，选择"全文"检索；其次，"硝基苯爆炸"是一个描述性词语，出现在篇名、关键词及摘要的机会比较小，因此仍

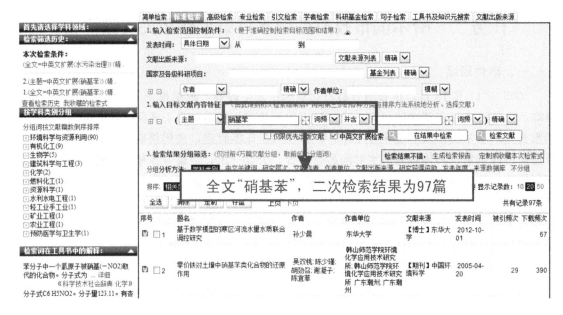

图 3-5　二次检索界面

选择"全文"检索。

四、判断、决策

① 检索结果给出 97 篇文献，查看提名，有 4 篇文章都明确提到了物化爆炸引起的水污染治理办法。

② 经过阅读检索到的有关文章全文。其中《物化法处理炸药废水研究进展》文章中提到，目前的炸药主要有三类：TNT、RDX、HMX。TNT 主要成分为苯、硝基苯。这与吉化双苯厂爆炸后的污染物比较一致。而我国目前已经有比较成熟的处理这种爆炸污染物的方式，主要有化学法、物理法（吸附法，利用活性炭来吸附）等。秘书处立即将其打印成册，呈交给市政府办公厅，此资料引起了负责该事件的有关市领导的极大关注。市领导下令赶快再复印几份，给事件处理委员会的成员人手一份，为水污染治理提供决策参考。

任务三　利用 CNKI 数据库进行科研立项查新

一、拟立项课题情况

2013 年 12 月 27 日，国家发改委在《关于组织实施生物质工程高技术产业化专项的通知》中提到"开展燃料乙醇、生物柴油、生物质成型燃料、工业化沼气等在内的生物能源产品的产业化。"某科研机构希望就此文件中的"燃料乙醇产业化"申请"玉米燃料乙醇产业化"科研项目。此时，科研机构立项需要查新，主管该科研机构的政府部门审批也需要查新。

查新工具：中国期刊全文数据库，中国优秀博硕士学位论文全文数据库。

二、选择检索词

本项目的关键词为"燃料乙醇"、"玉米"、"产业"，因此，应以此为检索词。

三、查新步骤

① 登陆《中国期刊全文数据库》。

检索项选择"主题",检索词输入"燃料乙醇";然后,点击检索,结果为 3176 篇,如图 3-6 所示。

图 3-6 期刊检索界面

② 选择"在结果中检索",检索项选择"主题",检索词输入"玉米",结果为 474 篇,如图 3-7 所示。

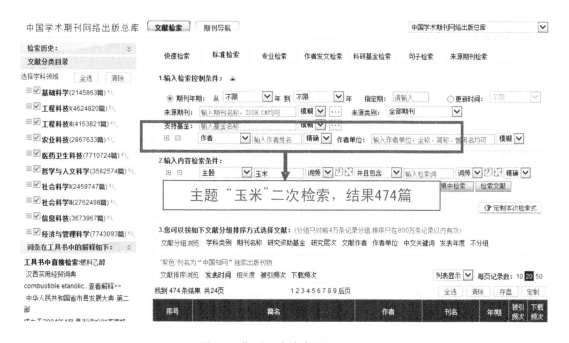

图 3-7 期刊二次检索界面(一)

③ 选择"在结果中检索",检索项选择"主题",检索词输入"产业",结果为 82 篇,如图 3-8 所示。

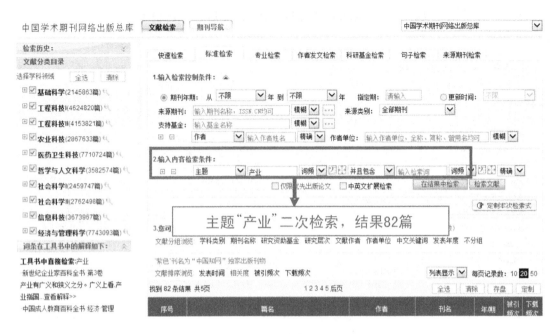

图 3-8　期刊二次检索界面（二）

　　查看这 82 篇文章，下载全文，与本课题研究的方向有差异。但此时，不可误认为该课题观点有新颖性。

　　④ 登陆《中国博硕士学位论文库》。

　　检索项选择"主题"，检索词输入"燃料乙醇"；然后，点击检索，结果为 620 篇，如图 3-9 所示。

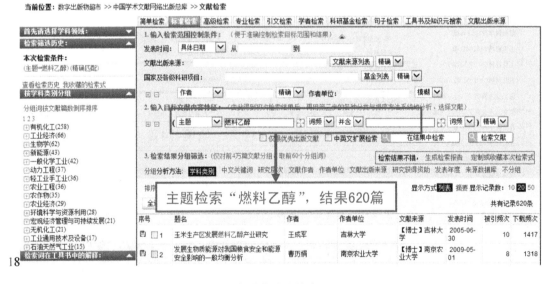

图 3-9　学位论文检索界面

　　⑤ 选择"在结果中检索"，检索项选择"主题"，检索词输入"玉米"，结果为 171 篇，如图 3-10 所示。

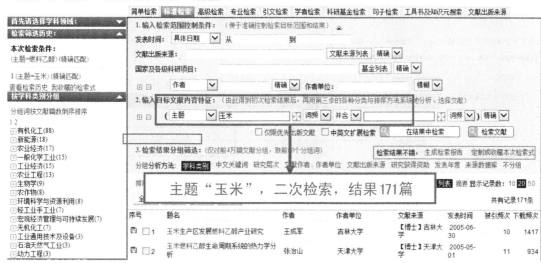

图 3-10　学位论文二次检索界面

⑥ 查看这 171 篇文章，发现《玉米生产区发展燃料乙醇产业研究》这篇文章很有价值，打开全文，发现文章详细地阐述了玉米区发展燃料乙醇的产业研究，并对建设 60t 燃料乙醇工厂的可行性进行了分析。该文献内容与项目内容吻合，作为研究课题不具备新颖性。从本案例可以看出学位论文研究内容的全面性和研究方向的前瞻性，使得在科研立项查新上，学位论文成为不可或缺的工具。

任务四　其他检索功能的利用

一、阅读整本期刊——以《印染助剂》杂志为例

① 直接登录后，进入 CNKI 检索首页，如图 3-11 所示。

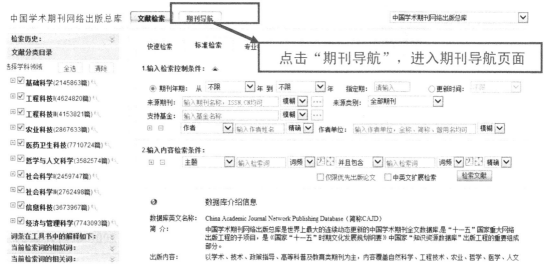

图 3-11　期刊导航界面

② 点击"期刊导航"，进入期刊导航检索页面，如图 3-12 所示。

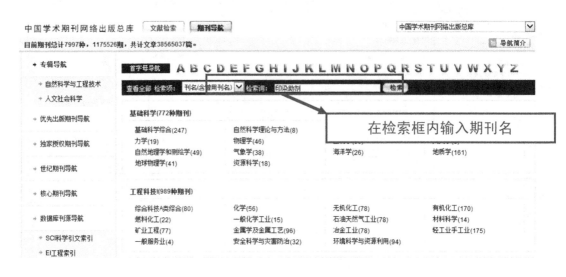

图 3-12　期刊检索界面

③ 在检索框内，输入"印染助剂"，如图 3-13 所示：

图 3-13　期刊检索结果界面

④ 点击刊名"印染助剂"，将获得该刊的相关情况以及数据库收录该刊的每一期内容，如图 3-14 所示。

二、查询某作者或机构发表的全部文献——以厉以宁教授 1979～2006 年内发表的文献为例

① 登陆《中国期刊全文数据库》，选择检索项目进行检索，如图 3-15 所示。

图 3-14　期刊界面

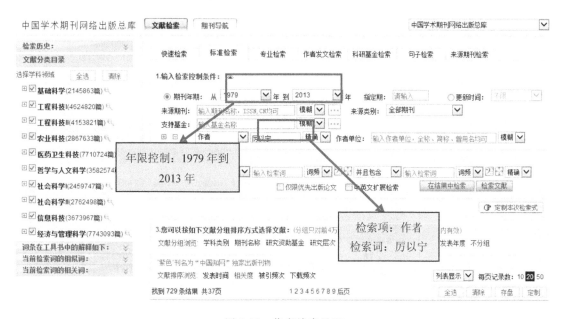

图 3-15　作者检索界面

② 作者检索结果界面如图 3-16 所示。

三、同时在多个数据库内查找所需文献

① CNKI 源数据库 KNS5.0 版本现在支持对所有源数据库的跨库检索，登录检索首页后，点击"跨库检索"按钮，进入跨库检索页面，如图 3-17 所示。

② 选择检索目标数据库，输入检索词，点击检索，如图 3-18 所示。

③ 跨库检索结果界面如图 3-19 所示。

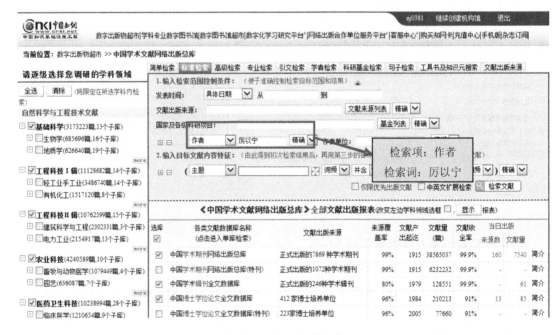

"紫色"刊名为"中国知网"独家出版刊物

文献排序浏览： 发表时间 相关度 被引频次 下载频次

列表显示 每页记录数：10 **20** 50

检索到 729 条结果 共37页　　　　　1 2 3 4 5 6 7 8 9 后页　　　全选 清除 存盘 定制

	序号	篇名	作者	刊名	年/期	被引频次	下载频次
		检索结果显示，共有 729 条记录 的安全阀	厉以宁	中南工业大学学报(社会科学版)	1999/01		78
	2	论互助共济在效率增长中的作用	厉以宁	中南工业大学学报(社会科学版)	1999/02	1	65
	3	就业优先，兼顾物价稳定	厉以宁	改革	1994/02	4	75
	4	为什么造原子弹的不如卖茶叶蛋的？	厉以宁	价格与市场	1994/02		84
	5	论当前经济工作中的几个热点问题①	厉以宁	改革	1995/01	5	70
	6	中国经济改革应首抓4大方面	厉以宁	IT时代周刊	2013/14		12
	7	收入分配制度改革应以初次分配为重点	厉以宁	全球化	2013/03		12
	8	城乡二元体制改革可带来最大改革红利	厉以宁	农村工作通讯	2013/14		11
	9	林下经济促进低碳发展	厉以宁	经济	2013/06		4
	10	当前中国经济改革首先抓哪些方面	厉以宁	理论学习	2013/06		1
	11	改革城乡二元体制 开创城乡一体化新路(英文)	厉以宁	中国特色社会主义研究	2011/S2		99
	12	双向城乡一体化显露生机	厉以宁	决策探索(下半月)	2012/11		85

图 3-16 作者检索结果界面

图 3-17 跨库检索界面

《中国学术文献网络出版总库》全部文献出版报表(改变左边学科领域选框 □ ，显示 报表)

选库	各类文献数据库名称(点击进入单库检索)	文献出版来源	来源覆盖率	文献产出起讫	文献量(篇)	文献收全率	当日出版		
							来源数	文献量	
☑	中国学术期刊网络出版总库	正式出版的7869种学术期刊	99%	1915	38565037	99.9%	160	7540	简介
□	中国学术期刊网络出版总库(特刊)	正式出版的1072种学术期刊	99%	1915	6232232	99.9%	-	-	简介
☑	中国学术辑刊全文数据库	正式出版的246种学术辑刊	80%	1979	128551	99.9%	-	61	简介
☑	中国博士学位论文全文数据库	412家博士培养单位	96%	1984	210213	91%	13	85	简介
□	中国博士学位论文全文数据库(特刊)	213家博士培养单位	96%	2005	77660	91%	-	-	简介
☑	中国优秀硕士学位论文全文数据库	635家硕士培养单位	96%	1984	1786795	96%	18	100	简介
□	中国优秀硕士学位论文全文数据库(特刊)	315家硕士培养单位	96%	2006	494985	96%	-	-	简介
☑	中国重要会议论文全文数据库	全国197个国际、国内学术会议	95%	1953	1552129	96%	1	182	简介
☑	国际会议论文全文数据库	国内外相关机构主办的2400多次国际学术会议	-	1981	431421	80%	-	309	简介
☑	中国重要报纸全文数据库	592种地市级以上报纸	43%	2000	12130617	100%	211	2728	简介
☑	中国专利全文数据库	国家知识产权局知识产权出版社	100%	1985	5040078	99.9%	-	-	简介
☑	国家标准全文数据库	中国标准出版社	90%	1950	36150	100%	-	-	简介
☑	中国行业标准全文数据库	7家行业版权单位	100%	1950	2129	99.9%	-	-	简介
☑	中国科技项目创新成果鉴定意见数据库	35个省部级单位的83个采集点	100%	1978	475978	100%	-	-	简介

选择需要检索的数据库

图 3-18　数据库选择界面

排序：**相关度** 发表时间 被引频次 下载频次　　　　　显示方式 **列表** 摘要 显示记录数：10 **20** 50

全选　清除　定制　存盘　　上页 下页　　　　　　　共有记录1010条

序号	题名	作者	作者单位	文献来源	发表时间	被引频次	下载频次
□1	当前经济运行中的几个问题	厉以宁	中国国际经济交流中心;北京大学光华管理学院	【中国会议】中国经济分析与展望（2010-2011）	2011-01-01		157
□2	道德可以产生超常规的效率——就算会议的一个小插话	厉以宁	北京大学	【中国会议】2001中国经济特区论坛：WTO与特区发展学术研讨会论文集	2001-12-15	0	50
□3	缩小城乡收入差距,促进社会安定和谐	厉以宁	北京大学社会科学学部	【国际会议】北京论坛（2012）主旨报告集	2012-11-02		178
□4	全球金融危机和西方国家的制度调整	厉以宁	北京大学	【国际会议】第一届全球智库峰会演讲集	2009-07-02		60
□5	论中国经济发展的动力	厉以宁	北京大学光华管理学院	【国际会议】第二届全球智库峰会会刊	2011-06-25		166
□6	邓小平的管理思想	厉以宁		【国际会议】邓小平与当代中国和世界——国际学术研讨会论文集	2004-06-01	0	58
□7	中国经济改革应首抓4大方面	厉以宁	北京大学社会科学学部;北京大学光华管理学院;中国民生研究院学术委员会	【期刊】IT时代周刊	2013-07-20		12
□8	收入分配制度改革应以初次分配为重点	厉以宁	北京大学	【期刊】全球化	2013-03-20		12

图 3-19　跨库检索结果界面

四、检索某作者文献被引用情况——以浙江大学化学系黄宪院士文献被引情况为例

① 登录 CNKI 检索首页后,点击《中国引文数据库》进入该库检索页面。被引文献检索界面如图 3-20 所示。

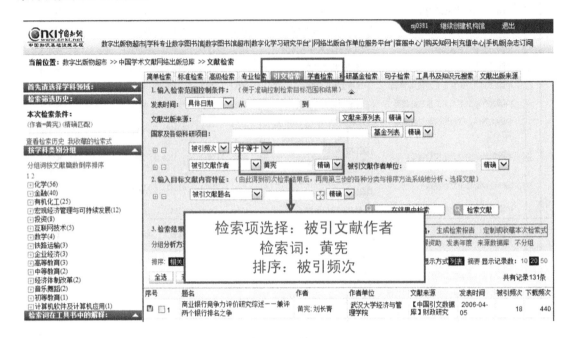

图 3-20 被引文献检索界面

② 被引文献检索结果界面如图 3-21 所示。

五、由一篇文献查相关的同类文献

利用该篇文献的知网节,可以快速地找到与本篇文章相关的所有同类文献。提供单篇文献的详细信息和扩展信息浏览的页面被称为"知网节"。在检索结果页面上点击每一文献题名,可进入当前篇名文献的知网节。它不仅包含了单篇文献的详细信息,即题名、作者、机构、来源、时间、摘要等,还包括各种扩展信息,如相似文献、参考文献、引证文献等。这些扩展信息通过概念相关、事实相关等方法提示知识之间的关联关系,达到知识扩展的目的,有助于新知识的学习和发现,帮助实现知识获取、知识发现。

在 CNKI 系列源数据库产品中,所有数据库可自成体系,但所有的数据库又都相互关联;每一篇文献都拥有自己的知网节,每一个知网节又都与其他数据库中的相关文献形成关联;每一个知识点拥有自己的记录,而它们又与其他知识元乃至文献、数据库发生关联。整个平台实际上就是由知识元、文献、数据库构成的知识网络。主体文献如图 3-22 所示,知网节如图 3-23 所示。

① 参考文献:是作者在写作文章时所引用或参考的,并在文章后列出的文献题录,反映本文研究工作的背景和依据。

② 引证文献:是指引用或参考文献的文献,也称为来源文献。即写作时引用或参考了其他文献,并将其以参考文献的形式列于文后的文献,反映本文研究工作的继续、进展和评价。

③ 共引文献:是与文献主体共同引用了某一篇或某几篇文献的一组文献,即与本文有

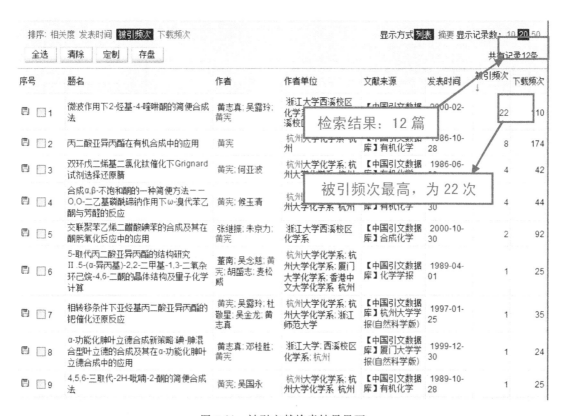

图 3-21　被引文献检索结果界面

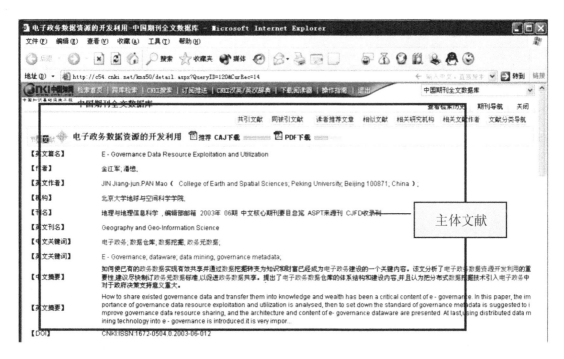

图 3-22　主体文献

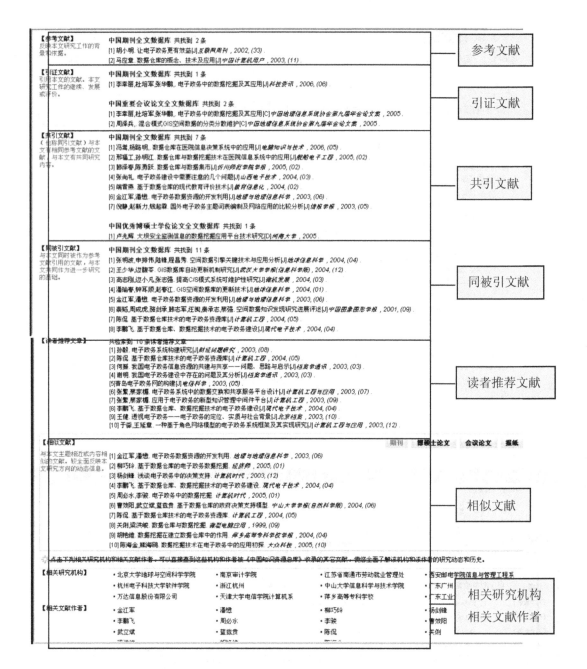

图 3-23 知网节

相同参考文献的文献，反映与本文有共同的研究内容。

④ 同被引文献：指与本文同时被作为参考文献引用的文献，反映与本文共同作为进一步研究的基础。即当主体为 A 时，主体文献 A 被文献 B 作为参考文献列于文后，此时文献 B 是主体文献 A 的引证文献，而文献 B 列于文后的参考文献，则为共被引文献。

⑤ 二级参考文献：指本文参考文献的参考文献，即文献正文后所列每一篇参考文献的参考文献，进一步反映本文研究工作的背景。

⑥ 二级引证文献：指引证文献的引证文献，即当主体文献为 A 时，主体文献 A 被文献

B 作为参考文献列于文后，此时文献 B 是主体文献 A 的引证文献，而文献 C 将文献 B 作为参考文献列于文后，则文献 C 为主体文献 A 的二次引证文献，进一步反映本文研究工作的继续、进展和评价。

⑦ 读者推荐文章：是指根据日志分析和读者反馈信息获得的与源文献最相关的部分文献。此处所提供的读者推荐文章为全文动态链接，将随着系统中文献资源和读者使用情况的变化而变化。

⑧ 相似文献：是根据动态聚类算法获得的，在内容上与源文献最接近的部分文献，较全面地反映本文研究反向的动态信息。

⑨ 相关研究机构：是根据文献主题内容的相似程度而聚集的一组研究机构。通过相关机构链接，可从知网数据库列表上获得相应数据库中的相关文献信息及全文，使您全面了解该文献的研究动态和历史。

⑩ 相关文献作者：是根据文献主题内容的相似程度而聚集的一组作者名称。通过相关作者链接，可从知网数据库列表上获得相应数据库中的相关文献信息及全文，使您全面了解该文献相关的研究动态和历史。

⑪ 文献分类导航：是指主体文献在《中图法》分类系统中的类目及其上级类目的分层链接，反映了主体文献在当前数据库中《中图法》相应类目及其上级类目下的全部文献信息及全文。

⑫ 点击"引证文献、二级引证文献、共引文献、同被引文献、读者推荐文献、相似文献、相关研究机构、相关文献作者、文献分类导航、相关期刊、相同导师文献"等相关篇名可以直接链接到该篇文献的知网节页面。

知识链接　检索化学文献的常用途径

21 世纪是信息时代，计算机网络信息对人们的工作和生活产生了巨大而深远的影响，学习网络知识和掌握网络技术，已经是人们提高自身素质及紧跟学科发展的迫切需要，查阅文献是获取信息最常用的手段，也是打开专业知识之门的钥匙。据不完全统计，如果一位化工专业人员要把一年的专业文献看一遍将需要 46 年。因此，在现实工作中，化工工作者并不可能把每年的专业文献资料全看完，而是选择性地翻阅与自己的研究方向对口的文献。那么这么多的化工文献资料中，如何寻找自己需要的参考文献和资料呢？在信息化的时代里，没有比使用电脑进行搜索更为方便的方法了。现从加强常规检索及熟悉化工专业数据库等方面阐述化工专业文献检索方法。

一、美国《化学文摘》

英文全称 Chemical Abst Ract，是目前涉及全部化学及化学技术领域最完备的检索工具，它已经成为目前世界各国进行化学化工方面文献检索的主要工具。

美国《化学文摘》创刊于 1907 年，从创刊至今从未间断。至 1993 年已出版 119 卷，是目前世界上最完整的检索工具书之一，具有历史悠久、收录内容广泛及索引齐备等特点。从创刊至 1961 年，为半月刊，每年出版一卷；从 1962 年 56 卷起，改为双周刊，每半年 13 期为一卷，每年两卷；从 1967 年 66 卷起，改为周刊，每半年 26 期为一卷，每年两卷，并另出十种卷索引和相应的十卷累积索引。

二、Google 搜索引擎

此搜索引擎由美国斯坦福大学两位博士生于 1998 年 9 月发明，并于 1999 年创立。1998

年至今，Google 已经获得 30 多项业界大奖。Google 支持多达 132 种语言，包括简体中文和繁体中文。Google 搜索速度极快，功能很多，包括自动纠错等小功能。Google 中的检索方法很多，包括关键词、分类检索、其他检索等。这里只介绍用得比较多的"关键词检索"。"关键词检索"又包括以下两种方法。

1. 基本搜索

在 Google 的主页简单检索输入框中，用户可直接输入一个或多个检索词，可执行基本检索。当用户同时输入多个检索词时，要求每个检索词之间留出一个空格，而 Google 将默认多个检索词之间的缺省逻辑关系是"AND"。如果检索词之间的逻辑关系是"OR"，用户就要在检索词之间加入"OR"逻辑符。按回车键或点击"Google 搜索"按钮。

2. 高级检索

在主页中点击"高级搜索"按键，进入"高级搜索"界面。如检索"综合实践活动课程"，在没有采用"语言、日期、字词位置"等选项时，检索出共约有 1300 项查询结果；当采用"语言"选择中文简体、"日期"选择 3 个月内、"字词位置"选择网页的标题时，检出约有 68 项查询结果。采用选项可以提高准确率。

三、百度搜索引擎

百度搜索引擎于 1999 年底成立于美国硅谷，具有全面、准确、高速、智能、友好、及时、强悍、灵活和技术含量高九大特色。其检索途径与方法如下。

1. 简单检索

只要在搜索框中输入关键词，并按一下"百度搜索"按钮，百度就会自动找出相关的网站和资料。百度会寻找所有符合您全部查询条件的资料，并把最相关的网站或资料排在前列。输入关键词后，也可直接按键盘上的回车键，实现检索。

2. 高级检索

减除无关资料：有时候，排除含有某些词语的资料有利于缩小查询范围。百度支持"－"功能，用于有目的地删除某些无关网页，但减号之前必须留一空格，语法是"A－B"。例如，要搜寻关于"环境保护"，但不含"废水处理"的资料，可使用如下查询：环境保护 －废水处理。

3. 相关检索

如果您无法确定输入什么关键词才能找到满意的资料，百度相关检索可以帮助您。您先输入一个简单词语进行搜索，然后，百度搜索引擎会为您提供"其他用户搜索过的相关搜索词"作参考。点击任何一个相关搜索词，都能得到那个相关搜索词的搜索结果。

四、数据库

与搜索引擎一样，数据库的种类繁多，而且有很多好的数据库是收费的，像"CNKI"之类的数据库，一般的化工人员是无法使用的。但为了工作的需要，可以到图书馆去使用。现在对几类数据库的使用方法介绍如下。

1. 万方数据资源系统

万方数据库包括科技信息子系统、数字化期刊子系统、商务信息子系统。它收录的论文最早是 1998 年，本数据库以报道自然科学方面的信息为主，集中报道全国各"大学学报"中的论文和英文版期刊信息。它的检索方法因不同子系统而异，例如"数字化期刊子系统"，进入该主页后，可按"分类检索"、"关键词检索"进行检索。

2. Springer-Link 数据库

这是一个外文数据库，一旦开通便可阅读 400 多种电子期刊的全文数据，它收录了化学、环境科学、生命科学等 11 个学科的期刊。其检索途径有两种，即 search 和 browse。Search 具有检索功能，可输入检索词，具体方法有两种：article——直接输入"检索词"检索文献；publication——直接输入"检索词"检索期刊。Browse：具有浏览功能，但不能输入检索词检索，只能通过刊名浏览查找相关信息。浏览方式有两种：publications——按期刊浏览；subjects——按主题浏览。

3. ACS 美国化学学会全文数据库

美国化学学会（American Chemical Society）成立于 1876 年，现已成为世界上最大的科技协会，其会员数超过 163000 人。ACS 一直致力于为全球化学研究机构、企业及个人提供高品质的文献资讯及服务，在科学、教育、政策等领域提供了多方位的专业支持，成为享誉全球的科技出版机构。ACS 的期刊被 ISI 的 Journal Citation Report（JCR）评为：化学领域中，被引用次数最多的期刊。可检索自 1879 年迄今的电子期刊，几乎是从每一期刊的创刊号起至今的内容。敬请把握机会多加利用。

参考资料

4. Elsevier 数据库

Elsevier 是荷兰一家全球著名的学术期刊出版商，每年出版大量的农业和生物科学、化学和化工、临床医学、生命科学、计算机科学、地球科学、工程、能源和技术、环境科学、材料科学、航空航天、天文学、物理、数学、经济、商业、管理、社会科学、艺术和人文科学类的学术图书和期刊，大部分期刊被 SCI、SSCI、EI 收录的核心期刊，是世界上公认的高品位学术期刊。

Elsevier 电子期刊（全文）的学科覆盖农业和生物科学、数学、化学、化学工程学、物理学和天文学、生物化学，遗传学和分子生物学、土木工程、计算机科学、决策科学、地球科学、能源和动力、工程和技术、环境科学、免疫学和微生物学、材料科学、医学、神经系统科学、药理学，毒理学和药物学、经济学，计量经济学和金融、商业，管理和财会、心理学、人文科学、社会科学等学科 1800 多种高品质全文学术期刊，涵盖 21 个学科领域。其中 SCI、SSCI 收录期刊 1221 种，EI 收录期刊 515 种，社科类期刊数量为 255 种（SCI、SSCI 收录期刊 152 种），科技类期刊数量为 1302 种（SCI 收录期刊 1069 种），是科研人员的重要信息源。

思考题

1. 怎样在中国知网上同时在多个数据库内查找所需文献？
2. 怎样在中国知网上查询某作者或机构发表的全部文献？
3. 说出几个著名的外文数据库？
4. 如何在中国知网上检索某作者文献被引用的情况？

项目四　反应装置、加热与冷却技术

项目背景

　　实训室的仪器为铁架台、玻璃仪器及胶管等的组合。实验装置的组装顺序是先下后上，先左后右；若有导气装置，必须先检查气密性。使用完后拆卸顺序与组装相反。拆卸加热制备气体的装置若用排水法收集，应将导气管移走，再停止加热，以防止倒吸。如图4-1 所示是氯气的制取装置，其组装过程是先将酒精灯放在铁架台上，根据灯焰的高度确定铁圈的高度，并放上石棉网，然后将装有反应物的圆底烧瓶放在石棉网上，用铁夹夹住，把含有分液漏斗和导管的双孔橡胶塞塞住烧瓶口，再把浓盐酸倒入分液漏斗。然后按先左后右的顺序，把气体收集装置和尾气吸收装置用橡胶导管连接，它们都应在一个平面上，不能扭曲。

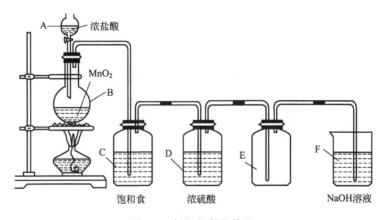

图 4-1　氯气的制取装置

A—浓盐酸；B—MnO_2；C—饱和食盐水；D—浓硫酸；E—缓冲瓶；F—NaOH 溶液

 项目分析

　　反应装置搭装是精细化工实训中的基本操作，大部分的精细化学品都是通过反应装置制得的，反应装置搭装的规范是实训成功的前提。仪器的搭装顺序是先左后右、先下后上；拆卸顺序是先右后左、先上后下。同时要注意重心低稳、流程简短，尽量减少实验过程中的手动控制。固定器开口朝上，不抗高温物质、易燃物隔离热源。

　　加热与冷却也是制备精细化学品的常用操作，温度对产品的影响非常大，会影响主反应速率，引起副反应，从而影响产品质量，控制好反应温度是制取合格产品的必要前提。

任务实施　　反应装置搭装和加热冷却操作

任务一　反应装置搭装

一、反应装置搭装要求

　　用三口烧瓶、铁架台、回流冷凝管、温度计、搅拌器及加热套等仪器搭设一个化学反应装置。要能监测温度，并有回流装置。

二、示意图

　　如图 4-2 是常见的反应装置图。

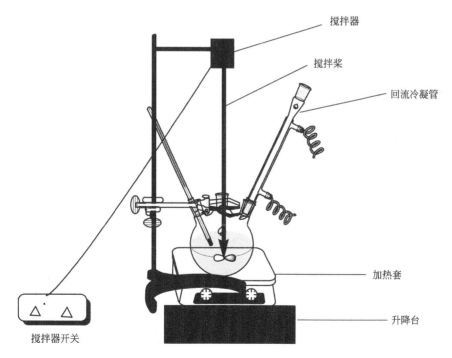

图 4-2　常见的反应装置图

任务二　加热装置的使用

一、技术要求

能用加热套加热，使三口烧瓶内水的温度在 15min 内达到在（55±3）℃并保持 5min。

二、注意事项

① 加热开始时要慢慢调整升温旋钮，防止加热速度过快。不能一开始就将升温旋钮调至最高。

② 如加热过头，要使温度下降，需将加热套移走，用冷水冷却。

三、示意图

如图 4-3 所示是常用的加热套。

图 4-3　常用的加热套

任务三　冷却技术

一、技术要求

使用氯化钠和碎冰，将三口烧瓶内的盐水冷却到−6℃以下。

二、注意事项

① 氯化钠和碎冰要将整个三口烧瓶包裹住，保证冷却效果。

② 三口烧瓶中要加入 5～10g 氯化钠后再加水至 2/3。

三、示意图

如图 4-4 所示是冰盐冷却示意。

 **电加热套的使用和冰盐冷却原理**

一、电加热套的使用方法

使用电加热套时，应和瓶底贴合紧密，不得有空隙。

电热套是用无碱玻璃纤维作绝缘材料，将 $Cr_{20}Ni_{80}$ 合金丝用绕线机、包纱机或编织机簧装置于绝缘材料中，先做成绝缘加热绳，再用纯手工针织法按照国标烧瓶尺寸做成大小不同规格的加热体，进行加热。

　　操作方法：插上电源，打开开关，绿灯表示电源，红灯表示加热，按顺时针方向调整旋钮，温度将由低到高，当旋钮调到某一刻度时，套内达到某种基本恒定温度，但需要温度计辅助测量。初次加热可将温度适当调高或调至最高，当升至所需温度或溶液沸腾时，可将温度调低进行保温加热，以延长使用寿命，短时间不用时，可将旋钮调至 0，即停止加温。长时间不用时，需关闭电源。

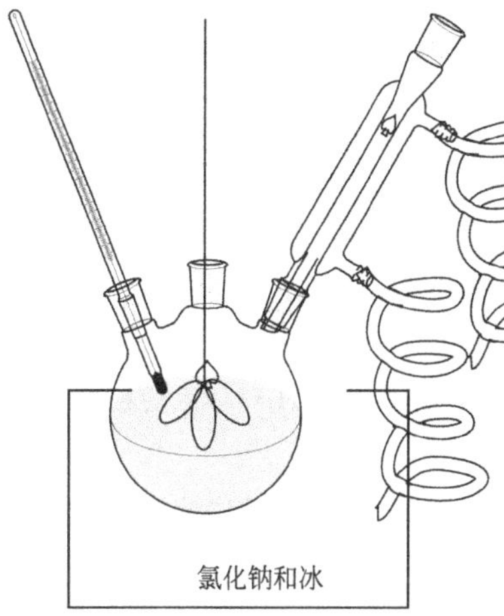

　　注意事项如下。

　　① 仪器应有良好的接地。

　　② 第一次使用时，套内有白烟和异味冒出，颜色由白色变为褐色再变成白色属于正常现象，因玻璃纤维在生产过程中含有油质及其他化合物，应放在通风处，数分钟消失后即可正常使用。

　　③ 3000mL 以上电加热套使用时有吱吱响声，这与炉丝结构不同及与可控硅调压脉冲信号有关，可放心使用。

　　④ 如发现不通电时，请首先检查右后方保险是否需要更换。

　　⑤ 请不要空套取暖或干烧。

　　⑥ 如湿手、液体溢出或长期置于湿度过大的环境中，可能会有感应电透过保温层传至外壳，请务必接地线，并注意通风。如漏电严重，请不要再用，需放在阳光下晾晒或放在烘箱内烘干后再使用，以免发生危险。

　　⑦ 长期不用时，请保持仪器清洁，并放在干燥、无腐蚀气体处保存。

图 4-4　冰盐冷却示意

二、氯化钠和碎冰冷却原理

　　冰盐冷却是利用冰盐融化过程的吸热原理。冰盐融化过程的吸热包括冰融化吸热和盐溶解吸热两种作用。起初，冰吸热在 0℃时融化，融化水在冰表面形成一层水膜；接着，盐溶解于水，变成盐水膜，由于溶解要吸收溶解热，造成盐水膜的温度降低；继而，在较低的温度下冰进一步融化，并通过其表层的盐水膜与被冷却对象发生热交换。这样的过程一直进行到冰全部融化，与盐形成均匀的盐水溶液。冰盐冷却能到达的低温程度与盐的种类和混合物中盐与水的比例有关。工业上应用最广的冰盐是冰块与工业食盐 NaCl 的混合物。

　　常见的冰盐是冰和氯化钠溶液的混合物。如图 4-5 是 $NaCl\text{-}H_2O$ 体系的相图（示意图），横坐标为 NaCl 的含量，纵坐标为温度，A 点向上的线是 NaCl 的饱和线，一般是向右偏的，NaCl 在水中的溶解度随温度变化不大，这里画出一条近似竖直的线。给饱和 NaCl 降温，在 264K（-9℃）析出晶体 $NaCl \cdot 2H_2O$，252K（-21℃）全部变为冰和晶体 $NaCl \cdot 2H_2O$。当给 NaCl 含量为 23.3% 的溶液降温时，在 252K 以上都会保持液态 252K，以下变为冰和晶体 $NaCl \cdot 2H_2O$。AB、BC 两条线是向上弯曲的，这里只是示意图，没找到数据，粗略地计算可认为是直线。如果是给冰盐混合物升温，分析方法相同，主要是看两条水平线（温度）。冰和 NaCl 混合并不能自动降低温度，只是降低了凝固点。

　　冰盐混合物是一种有效的起寒剂。当盐掺在碎冰里时，盐就会在冰中溶解而产生吸热作

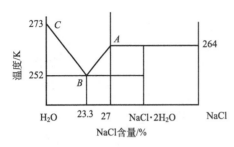

图 4-5　NaCl-H_2O 体系的相图

用，使冰的温度降低。冰盐混合在一起，在同一时间内会发生两种作用：一种是会大大加快冰的融化速度，而冰融化时又要吸收大量的热；另一种是盐的溶解也要吸收溶解热。因此，在短时间能吸收大量的热，从而使冰盐混合物温度迅速下降，它比单纯冰的温度要低得多。

冰盐混合物的温度高低，是依据冰中掺入盐的比例而决定的，如用盐量为冰的 29% 时，最低温度可达 -21℃。

冰盐浴的降温原理与溶液的凝固点下降有关。当食盐和冰均匀地混合在一起时，冰因吸收环境热量稍有融化变成水，食盐遇水而溶解，使表面水形成了浓盐溶液。由于浓盐溶液的冰点较纯水低，而此时体系中为浓盐溶液和冰共存，因此体系的温度必须下降才能维持这一共存状态（浓盐溶液和冰的共存温度应该比纯水的冰点更低）。这将导致更多的冰融化变成水来稀释浓盐溶液，在融化过程中因大量吸热而使体系温度降低。

低温冰盐浴配方（碎冰用量 100g）如下。

浴温/℃	盐类及用量/g	浴温/℃	盐类及用量/g
-4.0	$CaCl_2 \cdot 6H_2O$(20g)	-30.0	NH_4Cl(20g)＋NaCl(40g)
-9.0	$CaCl_2 \cdot 6H_2O$(41g)	-30.6	NH_4NO_3(32g)＋NH_4CNS(59g)
-21.5	$CaCl_2 \cdot 6H_2O$(81g)	-30.2	NH_4Cl(13g)＋$NaNO_3$(37.5g)
-40.3	$CaCl_2 \cdot 6H_2O$(124g)	-34.1	KNO_3(2g)＋KCNS(112g)
-54.9	$CaCl_2 \cdot 6H_2O$(143g)	-37.4	NH_4CNS(39.5g)＋$NaNO_3$(54.4g)
-21.3	NaCl(33g)		
-17.7	$NaNO_3$(50g)	-40	$NH4NO_3$(42g)＋NaCl(42g)

在生活中一般不用冰盐，但是要用到这种降低凝固点的方法。比如公路除雪除冰常将氯化钙或者氯化钠洒在冰雪区，即可迅速融化。其实不是升高了温度，而是降低了水溶液的凝固点。比如，当气温为 -10℃时，路面水结冰了，但是如果撒上氯化钙，它就会和一部分冰结合，而产生的溶液即使在 -20℃仍然是液态，这就能较长时间保证水不凝固，达到路面防滑的目的。

思考题

1. 为何使用氯化钠和冰，可以使三口烧瓶内的盐水冷却到 -6℃以下？

2. 如何保证冷却效果？

3. 氯化钠和碎冰的冷却原理是什么？

4. 电加热套的使用要注意哪些方面？

项目五　减压过滤技术

⟫ 知识目标

    1. 理解真空度的概念。

    2. 了解减压的原理。

    3. 了解过滤操作原理。

⟫ 技能目标

    1. 能规范搭装减压过滤装置。

    2. 能利用油泵或循环水真空泵将缓冲瓶内的压力降到 0.01MPa（绝对压力）。

    3. 能将悬浮液物质用常压方式过滤。

    4. 能将悬浮液物质用减压方式过滤。

⟫ 项目背景

    减压广泛运用于减压蒸馏、真空干燥、真空过滤等。真空分为粗真空、次高真空、高真空。主要的减压仪器有水喷射式真空泵、循环水真空泵、油泵。

    减压过滤又称吸滤、抽滤，是利用真空泵或抽气泵将吸滤瓶中的空气抽走而产生负压，使过滤速度加快。减压过滤装置由真空泵、布氏漏斗、吸滤瓶组成。减压过滤可加速过滤，并使沉淀抽吸得较干燥，但不宜过滤胶状沉淀和颗粒太小的沉淀，因为胶状沉淀易穿透滤纸，沉淀颗粒太小，易在滤纸上形成一层密实的沉淀，溶液不易透过。循环水真空泵使吸滤瓶内减压，由于瓶内与布氏漏斗液面上形成压力差，因而加快了过滤速度。

⟫ 项目分析

    现有原料药盐酸阿米洛利粗品 5g，要求对阿米洛利粗品进行脱色，并计算回收率；该项目要求同学能够进行减压过滤操作和趁热过滤操作。

    减压过滤装置安装时应注意使漏斗的斜口与吸滤瓶的支管相对。布氏漏斗上有许多小孔，滤纸应剪成比漏斗的内径略小，但又能把瓷孔全部盖没的大小。用少量水润湿滤纸，开泵，减压使滤纸与漏斗贴紧，然后开始过滤。当停止吸滤时，需先拔掉连接吸滤瓶和泵的橡胶管，再关泵，以防反吸。为了防止反吸现象，一般在吸滤瓶和泵之间装上一个安全瓶。

    热过滤常用于物质的重结晶和脱色，如用活性炭对某种物质进行脱色时，需先将物质溶解于溶剂（通常是水），再加入活性炭，加热搅拌脱色一定时间，再趁热过滤，活性炭留在滤纸上，而滤液在抽滤瓶中，此时滤液颜色变浅，滤液冷却后物质将结晶析出，从而达到了脱色的目的。过滤前把布氏漏斗放在水浴中预热，使热溶液在趁热过滤时，不至于因冷却而在漏斗中析出溶质。

 **任务实施**　减压技术、减压过滤和热过滤操作

任务一　减压技术

一、技术要求

任务：利用油泵或循环水真空泵将缓冲瓶或抽滤瓶内的压力降到 0.01MPa（绝对压力）。

二、注意事项

① 安装仪器时要检查布氏漏斗与抽滤瓶之间连接是否紧密，抽气泵连接口是否漏气。

② 修剪滤纸使其略小于布氏漏斗，但要把所有的孔都覆盖住，并滴加蒸馏水使滤纸与漏斗连接紧密。

③ 打开抽气泵开关，开始抽滤。

④ 过滤完之后，先抽掉抽滤瓶接管，再关抽气泵。

⑤ 尽量使要过滤的物质处在布氏漏斗中央，防止其未经过滤，直接通过漏斗和滤纸之间的缝隙流下。

三、示意图

如图 5-1 所示是常用的各种类型真空泵。

  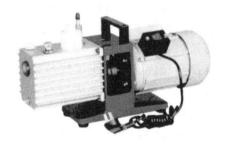

(a) 循环水真空泵　　　　　　　(b) 水喷射式真空泵　　　　　　　(c) 油泵

图 5-1　常用的各种类型真空泵

任务二　减压过滤操作

一、控制要求

过滤操作广泛运用于除固体杂质、悬浮液中提取固体物质、过滤分为常压过滤、减压及加压过滤。主要的仪器有滤纸、滤布、玻璃砂芯、布氏漏斗、抽滤瓶等。

本次任务要求将含水的原料药盐酸阿米洛利悬浮液 100mL 用减压过滤方式得到基本干燥的盐酸阿米洛利。

二、注意事项

① 安装仪器时要检查布氏漏斗与抽滤瓶之间连接是否紧密，抽气泵连接口是否漏气。

② 修剪滤纸使其略小于布氏漏斗，但要把所有的孔都覆盖住，并滴加蒸馏水使滤纸与漏斗连接紧密。

③ 打开抽气泵开关，开始抽滤。

④ 过滤完之后，先抽掉抽滤瓶接管，后关抽气泵。

⑤ 尽量使要过滤的物质处在布氏漏斗中央，防止其未经过滤，直接通过漏斗和滤纸之间的缝隙流下。

⑥ 布氏漏斗斜口要对准抽滤瓶的抽气口。

三、示意图

如图 5-2 所示是过滤过程所需器材，如图 5-3 所示是减压过滤装置。

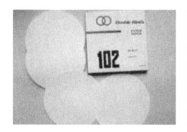  

(a) 滤纸　　　　　　　　　(b) 布氏漏斗　　　　　　　　　(c) 抽滤瓶

图 5-2　过滤过程所需的器材

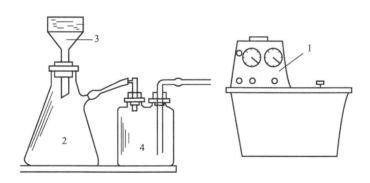

图 5-3　减压过滤装置

1—循环水真空泵；2—抽滤瓶；3—布氏漏斗；4—缓冲瓶

任务三　热过滤操作

一、技术要求

将原料药盐酸阿米洛利粗品 5g 进行脱色。

操作步骤：向三口瓶加入高纯水 150g，开搅拌，投盐酸阿米洛利粗品 5g，升温到 80～90℃，使其全溶。加入活性炭 1.5g，保温 30min。热抽滤，母液中加浓盐酸 1.50mL，冷却到 5℃过滤，固体为产品。

二、注意事项

过滤前需先把布氏漏斗和抽滤瓶放在 100℃烘箱中预热，等要趁热过滤时再拿出来，整个过程要保持布氏漏斗和抽滤瓶有一定的温度。

三、示意图

如图 5-4 所示是不同的热过滤装置。

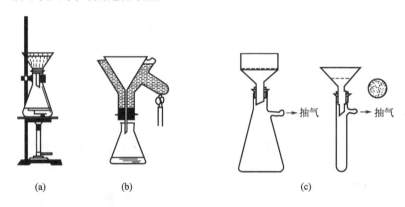

图 5-4 不同的热过滤装置

 **真空泵的使用及吸滤操作**

一、循环水式真空泵的使用

循环水式真空泵采用射流技术产生负压，以循环水作为工作流体，是新型的真空抽气泵。它的优点是使用方便，节约用水。面板上有开关、指示灯、真空度指示表，真空吸头Ⅰ、Ⅱ（可供两套过滤装置使用）。后板上有进出水的下口、上口，循环冷凝水的进水、出水。使用前，先打开台面加水，或将进水管与水龙头连接，加水至进水管上口的下沿，真空吸头处装上橡胶管。将橡胶管连接到吸滤瓶支管上，打开开关，指示灯亮，真空泵开始工作。过滤结束时，先缓缓拔掉吸滤瓶上的橡胶管，再关开关，以防倒吸。更换循环水时，用虹吸法吸出循环水。

注意事项：

① 工作时一定要有循环水，否则在无水状态下，会烧坏真空泵。

② 加水量不能过多，否则水碰到电机会烧坏真空泵。

③ 进出水的上口、下口均为塑料，极易折断，故取、上橡胶管时要小心。

二、吸滤操作

1. 剪滤纸

将滤纸经两次或三次对折，让尖端与漏斗圆心重合，以漏斗内径为标准，做记号。沿记号将滤纸剪成扇形，打开滤纸，如不圆，稍作修剪。放入漏斗，试大小是否合适。如滤纸稍大于漏斗内径，则剪小些，使滤纸比漏斗内径略小，但又能把全部瓷孔盖住。如滤纸大了，滤纸的边缘不能紧贴漏斗而产生缝隙，过滤时沉淀穿过缝隙，造成沉淀与溶液不能分离；空气穿过缝隙，吸滤瓶内不能产生负压，使过滤速度慢，沉淀抽不干。若滤纸小了，不能盖住所有的瓷孔，则不能过滤。因此剪一张合适的滤纸是减压过滤成功的关键。

2. 贴紧滤纸

用少量水润湿，用干净的手或玻璃棒轻压滤纸，除去缝隙，使滤纸贴在漏斗上。将漏斗放入吸滤瓶内，塞紧塞子。注意漏斗颈的尖端在支管的对面。打开开关，接上橡胶管，滤纸便紧贴在漏斗底部。如有缝隙，一定要除去。

3. 过滤

过滤时一般先转移溶液，后转移沉淀或晶体，使过滤速度加快。转移溶液时，用玻璃棒引导，倒入溶液的量不要超过漏斗总容量的2/3。先用玻璃棒将晶体转移至烧杯底部，再尽量转移到漏斗。如转移不干净，可加入少量滤瓶中的滤液，一边搅动，一边倾倒，让滤液带出晶体。继续抽吸直至晶体干燥，可用干净、干燥的瓶塞压晶体，加速其干燥，但不要忘记取下瓶塞上的晶体。晶体是否干燥，有三种方法判断：①干燥的晶体不粘玻璃棒；②当1～2min内漏斗颈下无液滴滴下时，可判断已抽吸干燥；③用滤纸压在晶体上，滤纸不湿，则表示晶体已干燥。

4. 转移晶体

取出晶体时，用玻璃棒掀起滤纸的一角，用手取下滤纸，连同晶体放在称量纸上，或倒置漏斗，手握空拳使漏斗颈在拳内，用嘴吹下。用玻璃棒取下滤纸上的晶体，但要避免刮下纸屑。检查漏斗，如漏斗内有晶体，则尽量转移出。如盛放晶体的称量纸有点湿，则用滤纸压在上面吸干，或转移到两张滤纸中间压干。如称量纸很湿，则重新过滤，抽吸干燥。

5. 转移滤液

将支管朝上，从瓶口倒出滤液，如支管朝下或在水平位置，则转移滤液时，部分滤液会从支管处流出而损失。注意：支管只用于连接橡胶管，不是溶液出口。

6. 晶体的洗涤

若要洗涤晶体，则在晶体抽吸干燥后，拔掉橡胶管，加入洗涤液润湿晶体，再微接真空泵橡胶管，让洗涤液慢慢透过全部晶体。最后接上橡胶管抽吸干燥。如需洗涤多次，则重复以上操作，洗至达到要求为止。

7. 具有强酸性、强碱性或强氧化性溶液的过滤

这些溶液会与滤纸作用，而使滤纸破坏。若过滤后只需要留有溶液，则可用石棉纤维代替滤纸。将石棉纤维在水中浸泡一段时间，搅匀，然后倾入布氏漏斗内，减压，使它紧贴在漏斗底部。过滤前要检查是否有小孔，如有则在小孔上补铺一些石棉纤维，直至无小孔为止。石棉纤维要铺得均匀，不能太厚。过滤操作同减压过滤。过滤后，沉淀和石棉纤维混在一起，只能弃去。若过滤后要留用的是沉淀，则用玻璃滤器代替布氏漏斗（强碱不适用）。过滤操作同减压过滤。

8. 热过滤

当需要除去热、浓溶液中的不溶性杂质，而又不能让溶质析出时，一般采用热过滤。过滤前把布氏漏斗放在水浴中预热，使热溶液在趁热过滤时，不至于因冷却而在漏斗中析出溶质。

三、真空度的定义

处于真空状态下的气体稀薄程度，通常用真空度表示。若所测设备内的压强低于大气压强，其压力测量需要真空表。从真空表所读得的数值称真空度。真空度表示的是系统实际压强低于大气压强的数值，即真空度＝大气压强－绝对压强。

思考题

1. 如何保证装置的密封性？
2. 布氏漏斗的斜口应朝向哪个方向？
3. 热过滤前为什么需先把布氏漏斗和抽滤瓶放在 100℃ 烘箱中预热？
4. 真空度的定义是什么？

项目六　回流、分水技术

知识目标

1. 了解回流、分水等操作的应用。
2. 掌握化学反应回流装置搭装的注意事项。

技能目标

1. 能规范搭设反应装置。
2. 能用分水器将甲苯中的水分分离出来。

项目背景

某公司有1t甲苯与水的混合液，含水量约为20%，为了回收甲苯，节省成本，需要把甲苯中的水除去。

项目分析

很多有机化学反应需要在反应体系的溶剂或液体反应物的沸点附近进行，这时就要用回流装置。在回流装置中，一般多采用球形冷凝管。因为蒸气与冷凝管接触面积较大，冷凝效果较好，尤其适合于低沸点溶剂的回流操作。如果回流温度较高，也可采用直形冷凝管。

甲苯与水不是共溶体系，甲苯水溶液的共沸点是84.1℃，共沸物组成：甲苯80.84%，水19.16%。为了将水除去，需要将混合溶液加热到回流状态，混合蒸气上升至冷凝管冷却后流到分水器中，混合液在分水器中自动分层，上层为甲苯，下层为水，下层水可通过分水器下口排出，从而达到分水的目的。

分水器应用是在回流的基础上，利用密度差异实现水和其他溶剂的分离，除去反应生产的水分，使反应向有利的方向进行，如以下酯化反应过程：

$$HOOC—COOH+CH_3OH \longrightarrow HOOC—COOCH_3+H_2O$$

$$C_2H_5OH+HOSO_2OH \longrightarrow C_2H_5OSO_2OH+H_2O$$

它的原理是当一种有机溶剂与水在室温下不互溶，但是可以形成共沸物，其密度比水小，当分水器（上端装冷凝管）内充满溶剂（可以事先加一部分，也可以不加，不加的话，反应体系中要多加分水器容积的溶剂），溶剂与水在分水器中分层，水积在分水器下部，溶剂返流到反应体系中去。

 回流和分水操作

任务一　回流操作

一、技术要求

搭一个化学反应装置，带搅拌、回流和温度监测功能。将水加热至回流状态，保持冷凝管上冷凝下来的液滴在 1～2 滴/s。保持此回流温度 10min。

二、注意事项

① 整个装置要保证密封，否则溶剂会挥发到空气中。

② 开始回流前，要打开冷凝管的冷却水。

③ 回流的速率应控制在液体蒸气浸润不超过两个球为宜。

三、示意图

如图 6-1 所示是各种回流装置。

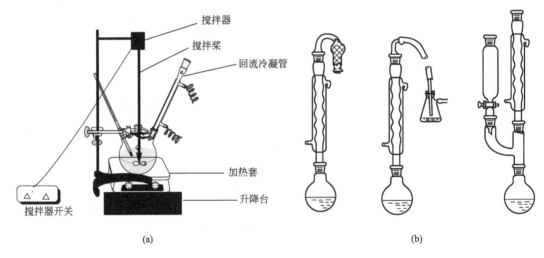

(a)　　　　　　　　　　　　　　　　　　　(b)

图 6-1　各种回流装置

任务二　分水技术

一、技术要求

搭好分水装置并将 100mL 甲苯与水混合液中的水分离出来，要求分出的水至少 10mL。

二、注意事项

① 整个装置要保证密封，否则溶剂会挥发到空气中。

② 分水器中可以事先加一部分溶剂（也可以不加，不加的话，反应体系中要多加溶剂），这样水积在分水器下部，溶剂返流到反应体系中去。

三、示意图

如图 6-2 所示是玻璃分水器和分水器的搭装。

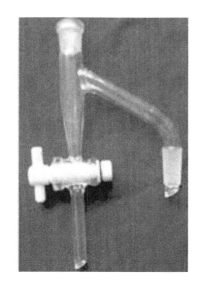

(a) 玻璃分水器

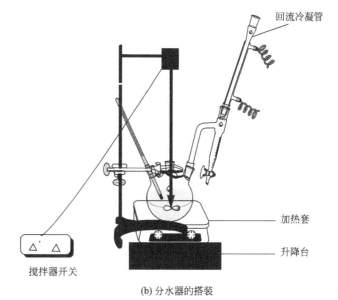

(b) 分水器的搭装

图 6-2　玻璃分水器和分水器的搭装

 **知识链接**　**常用分水装置及仪器装配原则**

一、常用装置

很多有机化学反应需要在反应体系的溶剂或液体反应物的沸点附近进行，这时就要用回流装置。不同类型的回流装置如图 6-3 所示。图（a）是普通加热回流装置，图（b）是防潮加热回流装置，图（c）是带有吸收反应中生成气体的回流装置，图（d）为回流时可以同时滴加液体的装置；图（e）为回流时可以同时滴加液体并测量反应温度的装置。图（f）是可同时进行搅拌、回流和测量反应温度的装置；图（g）是同时进行磁力搅拌、回流和自滴液漏斗加入液体的装置。

在回流装置中，一般多采用球形冷凝管。因为蒸气与冷凝管接触面积较大，冷凝效果较好，尤其适合于低沸点溶剂的回流操作。如果回流温度较高，也可采用直形冷凝管。当回流温度高于 150℃时就要选用空气冷凝管。回流加热前，应先放入沸石。根据瓶内液体的沸腾温度，可选用电热套、水浴、油浴或石棉网直接加热等方式，在条件允许的情况下，一般不采用隔石棉网直接用明火加热的方式。回流的速率应控制在液体蒸气浸润不超过两个球为宜。

当反应在均相溶液中进行时一般可以不要搅拌，因为加热时溶液存在一定程度的对流，从而保持液体各部分均匀的受热。如果是非均相间反应或反应物之一是逐渐滴加时，为了尽可能使其迅速均匀地混合，以避免因局部过浓过热而导致其他副反应发生或有机物的分解；有时反应产物是固体，如不搅拌将影响反应顺利进行；在这些情况下均需进行搅拌操作。在许多合成实验中若使用搅拌装置，不但可以较好地控制反应温度，同时也能缩短反应时间和提高产率。

进行一些可逆平衡反应时，为了使正向反应进行彻底，可将产物之一的水不断地从反应混合体系中除去，此时，可以用回流分水装置。如图 6-3（f）所示回流下来的蒸气冷凝液进入分水器，分层后，有机层自动流回到反应烧瓶，生成的水从分水器中放出去。

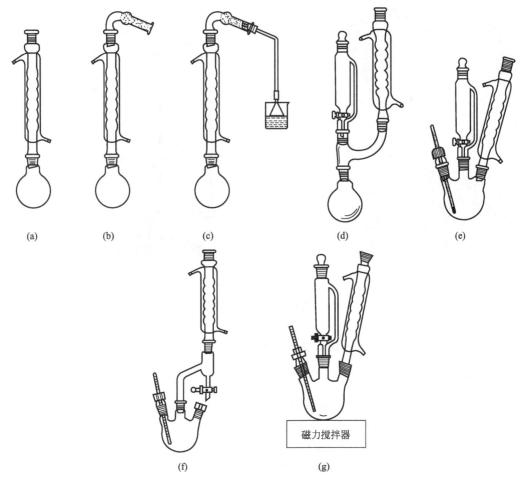

图 6-3　不同类型回流装置

二、仪器装配原则

①　整套仪器应尽可能使每一件仪器都用铁夹固定在同一个铁架台上，以防止各种仪器因振动频率不协调而破损。

②　铁夹的双钳应包有橡胶、绒布等衬垫，以免铁夹直接接触玻璃而将仪器夹坏。夹物要不松不紧，既保证磨口连接处严密不漏，又尽量使各处不产生应力。

③　铁架应正对实验台的外面，不要倾斜。否则重心不一致，容易造成装置不稳而倾倒。

④　安装仪器时，应首先确定烧瓶的位置，其高度以热源的高度为基准，先下后上，从左到右，先主件后次件，逐个将仪器固定组装。所有的铁架、铁夹、烧瓶夹都要在玻璃仪器的后面，整套装置不论从正面、侧面看，各仪器的中心都在同一直线上。

⑤　仪器装置的拆卸方式则与组装的方向相反。拆卸前，应先停止加热，移走热源，待稍冷却后，取下产物，然后再按先右后左、先上后下逐个拆卸。注意在松开一个铁夹时，必须用手托住所夹的仪器，拆冷凝管时不要将水洒在电热套上。

思考题

1. 回流状态是怎样的？怎么保持回流状态？

2. 开始分水操作前，分水器中应该先添加哪种液体？

3. 仪器装配原则是怎么样的？

4. 分水技术的应用有哪些？

项目七　减压蒸馏技术

⊟》项目背景

　　液体的沸点是指它的蒸气压等于外界压力时的温度，因此液体的沸点是随外界压力的变化而变化的，如果借助于真空泵降低系统内的压力，就可以降低液体的沸点，这便是减压蒸馏操作的理论依据。减压蒸馏是分离可提纯有机化合物的常用方法之一。它特别适用于那些在常压蒸馏时未达沸点即已受热分解、氧化或聚合的物质。

　　实验室中有100kg异丙醇和DMF（二甲基甲酰胺）的混合物，为了将两种溶剂分开以便重新回收利用，需要搭设一个减压蒸馏装置将两者分开，同时为了提高分离速率和保证产品质量，蒸馏的操作温度要尽可能低。

⊟》项目分析

　　通过搭设一个减压蒸馏装置，用循环水真空泵减压，异丙醇（沸点80℃左右）和DMF（二甲基甲酰胺，沸点150℃左右）的混合液，可在尽可能低的温度下分离。

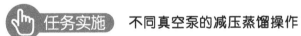 任务实施　不同真空泵的减压蒸馏操作

任务一　循环水真空泵减压蒸馏

一、任务要求

　　搭设一个减压蒸馏装置，用循环水真空泵减压，将异丙醇和DMF的混合液在尽可能低的温度下进行分离。

二、注意事项

　　① 毛细管口距瓶底1～2 mm。在毛细玻璃管上口套一段软橡胶管，橡胶管中插入一段

铜丝，并用螺旋夹夹住。

② 馏出液接收部分，可用多尾接液管连接两个或三个梨形或圆底烧瓶，在接收不同馏分时，只需转动接液管就可改换接收瓶，接出不同的馏分。

③ 在减压蒸馏系统中切勿使用有裂缝或薄壁的玻璃仪器，尤其不能用不耐压的平底瓶（如锥形瓶等），以防止内向爆炸。抽气部分用减压泵抽气。

④ 如发现体系压力无多大变化，或系统不能达到油泵应该达到的真空度，那么就该检查系统是否漏气。检查前先缓慢打开安全瓶的二通阀，待体系与大气相通时，再将油泵关闭，然后分段查连接部位。如果是蒸馏装置漏气，可以在蒸馏装置的各个连接部位适当涂一点儿真空油脂，并通过旋转仪器相互连接处使磨口处吻合。

⑤ 当所要馏分开始蒸出时，记录其沸点及相应的压力读数。如果待蒸馏物中有几种不同沸点的馏分，可通过旋转多头接引管，分别收集不同的馏分。

⑥ 蒸馏结束和蒸馏过程中需要中断时均应先移去火源，撤下电热套，缓慢旋开夹在毛细管上的橡胶管的螺旋夹，待蒸馏瓶稍冷后，慢慢打开安全瓶上的旋塞，待系统内外的压力达到平衡后，再关泵。

三、装置图

如图 7-1 是常见的减压蒸馏装置。

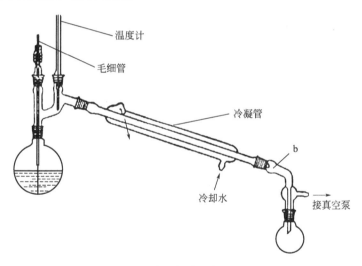

图 7-1　常见的减压蒸馏装置

任务二　油泵减压蒸馏

一、任务要求

搭设一个减压蒸馏装置，用油泵减压，将异丙醇和 DMF（二甲基甲酰胺）的混合液在尽可能低的温度下分离。

二、注意事项

① 毛细管口距瓶底 1～2mm。在毛细玻璃管上口套一段软橡胶管，橡胶管中插入一段铜丝，并用螺旋夹夹住。

② 馏出液接收部分，可用多尾接液管连接两个或三个梨形或圆底烧瓶，在接收不同馏分时，只需转动接液管就可改换接收瓶，接出不同的馏分。

③ 在减压蒸馏系统中切勿使用有裂缝或薄壁的玻璃仪器，尤其不能用不耐压的平底瓶（如锥形瓶等），以防止内向爆炸。抽气部分用减压泵抽气。

④ 安全保护部分一般设安全瓶，若使用油泵，还需有冷阱及分别装有粒状氢氧化钠、块状石蜡及活性炭或硅胶、无水氯化钙等吸收干燥塔。

⑤ 如发现体系压力无多大变化，或系统不能达到油泵应该达到的真空度，那么就该检查系统是否漏气。检查前先缓慢打开安全瓶的二通阀，待体系与大气相通时，再将油泵关闭，然后分段查连接部位。如果是蒸馏装置漏气，可以在蒸馏装置的各个连接部位适当涂一点儿真空油脂，并通过旋转仪器相互连接处使磨口处吻合。

⑥ 当所要馏分开始蒸出时，记录其沸点及相应的压力读数。如果待蒸馏物中有几种不同沸点的馏分，可通过旋转多头接引管，分别收集不同的馏分。

⑦ 蒸馏结束和蒸馏过程中需要中断时均应先移去火源，撤下电热套，缓慢旋开夹在毛细管上的橡胶管的螺旋夹，待蒸馏瓶稍冷后，慢慢打开安全瓶上的旋塞，待系统内外的压力达到平衡后，再关泵。

三、装置图

如图 7-2 所示是用油泵进行减压蒸馏的装置图。

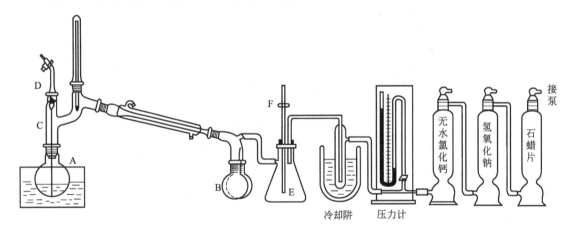

图 7-2　用油泵进行减压蒸馏的装置
A—蒸馏烧瓶；B—圆底烧瓶；C—Y 形管；D—毛细管；E—缓冲瓶；F—活塞

　**蒸馏方法**

一、相关概念

蒸馏是分离两种以上沸点相差较大的液体和除去有机溶剂的常用方法，它利用各组分挥发能力的差异，实现均匀液体混合物的分离。它包括简单蒸馏、减压蒸馏、水蒸气蒸馏和精馏等。

二、简单蒸馏

简单蒸馏是将液体混合物进行一次气化和冷凝的分离过程。常压蒸馏是最常用的蒸馏装置，如图 7-3 所示。若蒸馏易挥发的低沸点液体时，需将接液管的支管连上橡胶管，通向水槽或室外。支管口接上干燥管,可用作防潮的蒸馏。

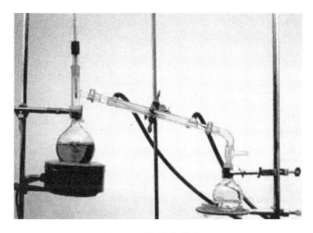

图 7-3 简单蒸馏装置

三、减压蒸馏

操作压力低于大气压力的蒸馏过程称为减压蒸馏。

装置:蒸馏烧瓶、Y 形管、蒸馏头(或克氏蒸馏头)、直形冷凝管、真空接液管、接收瓶、温度计及套管、毛细管、循环水真空泵或油泵、真空表、缓冲瓶、耐压胶管,如图 7-4 所示。

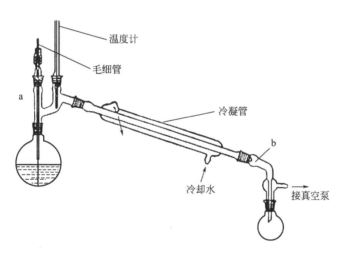

图 7-4 减压蒸馏装置
a—Y 形管;b—真空接液管

四、水蒸气蒸馏

利用水蒸气为热源,从混合物中带出不溶或难溶于水的挥发性物质,如图 7-5 所示。

五、精馏

将混合液多次汽化并多次冷凝的分离操作,可将沸点相差 1~2℃的混合物分开,如图 7-6 所示。

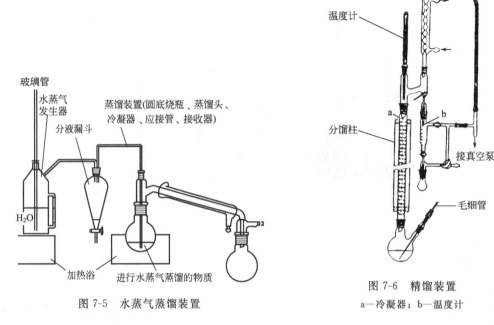

图 7-5　水蒸气蒸馏装置

图 7-6　精馏装置
a—冷凝器；b—温度计

六、其他蒸馏装置

蒸馏是分离两种以上沸点相差较大的液体和除去有机溶剂的常用方法，如图 7-7 所示。如图 7-7（a）所示是最常用的蒸馏装置，若蒸馏易挥发的低沸点液体时，需将接液管的支管连上橡胶管，通向水槽或室外。支管口接上干燥管，可用作防潮的蒸馏。如图 7-7（b）所示是应用空气冷凝管的蒸馏装置，用于蒸馏沸点在 140℃ 以上的液体。如图 7-7（c）所示为蒸除较大量溶剂的装置，液体可自滴液漏斗中不断地加入，既可调节滴入和蒸出的速率，又可避免使用较大的蒸馏瓶。

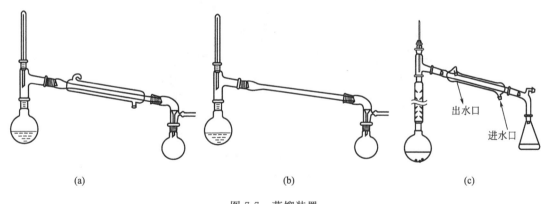

(a)　　　　　　　　　　　　(b)　　　　　　　　　　　　(c)

图 7-7　蒸馏装置

七、滴加蒸馏

某些有机反应需要一边滴加反应物一边将产物之一蒸出反应体系，防止产物再次发生反应，并破坏可逆反应平衡，使反应进行彻底，此时可采用滴加蒸出反应装置，如图 7-8 所示。利用这种装置，反应产物可单独或形成共沸混合物，不断从反应体系中蒸馏出去，并可通过恒压滴液漏斗将一种试剂逐渐滴加到反应瓶中，以控制反应速率或使这种试剂消耗完全。

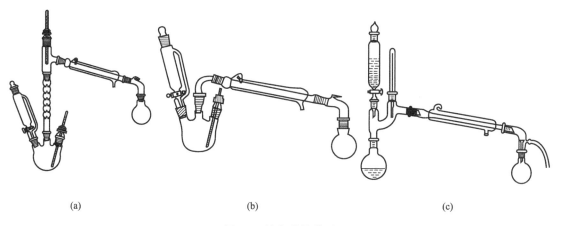

(a)　　　　　　　　　　　(b)　　　　　　　　　　　(c)

图 7-8　滴加蒸馏装置

思考题

　　1. 如何判断整个装置已经密封？

　　2. 如何判断某种成分已经全部被蒸馏出来？

　　3. 蒸馏的原理是什么？

　　4. 毛细管的作用是什么？

项目八　重结晶技术

项目背景

盐酸阿米洛利，别名蒙达清，为较强的保钾利尿药，其作用部位为远曲小管和皮质的集合管。降低该部位氢、钾的分泌和钠、钾的交换，因而保钾利尿。常和氢氯噻嗪、呋塞米合用，因不经肝代谢，肝功能损害者仍可应用。某公司现有原料药盐酸阿米洛利粗品100kg，含量只有90％左右，客户要求含量必须达到98％以上，要求把含量提高至客户要求的纯度。

项目分析

现在的医药行业中，有80％左右属于化学药物，需要人工合成，合成出来的原料药再添加一些淀粉等其他辅料就可以得到各种剂型的药物，如片剂、胶囊等。而人工合成的原料药必须达到一定的纯度才能够使用。本项目要求含量98％以上，也就是杂质要少于2％，可以用重结晶的办法实现。

 **任务实施**　盐酸阿米洛利粗品的重结晶

任务一　重结晶技术

一、技术要求

重结晶10g盐酸阿米洛利粗品，要求得到80％以上的回收率，其纯度达到98％。

二、注意事项

① 本项目用两种方法重结晶，分别是用水和乙醇，比较两者的重结晶效果。

② 形成透明溶液才说明产品已经全部溶解。

③ 搅拌速率保持在 200～300r/min。

三、操作步骤

方法 1：搭好回流装置，向三口瓶中加入高纯水 150g，开搅拌，投盐酸阿米洛利粗品 5g。升温到 80～90℃，使其全溶。保温 30min 后倒入烧杯中，冷却到 5℃ 过滤，固体为产品。

方法 2：搭好回流装置，向三口瓶加入乙醇 150g，开搅拌，投盐酸阿米洛利粗品 5g。升温到 80～90℃，使其全溶。保温 30min 后倒入烧杯中，冷却到 5℃ 过滤，固体为产品。

四、装置图

如图 8-1 所示为盐酸阿米洛利粗品的重结晶装置示意。

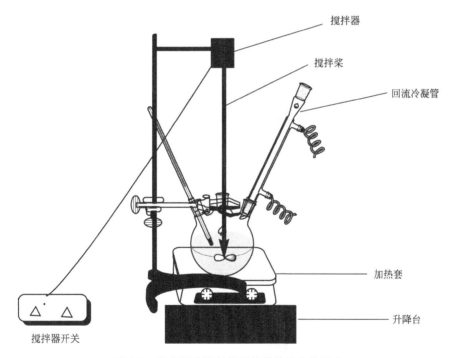

图 8-1　盐酸阿米洛利粗品的重结晶装置示意

任务二　熔点仪的使用

一、技术要求

测定重结晶后的盐酸阿米洛利的熔点，熔程在 2℃ 内。

二、注意事项

① 测量产品的熔点只需 0.1mg，大概约半粒米的量。

② 测量的产品必须是干燥的，可以先取约 0.5mg 的样品进行干燥。

③ 测试完毕，切记应切断电源，关闭开关。

三、操作步骤

① 接通仪器电源，开关打到加热位置，从显微镜中观察热台中心光孔是否处于视场中，若向左右偏，可左右调节显微镜来解决。前后不居中，可以松动热台两旁的两个螺钉，注意不要拿下来，只要松动即可，然后前后推动热台，上下居中即可，锁紧两个螺钉。

② 进行升温速率的调整，可用秒表式来调整。再记录某一值时，记录下这时的温度值，然后，秒表转一圈（1min）时再记录下温度值。这样连续记录，直到所要求测量的熔点值时，其升温速率为 1℃/min。太快或太慢可通过粗调和微调旋钮来调节。注意即使粗调和微调旋钮不动，但随着温度的升高，其升温速率会变慢。

③ 将测温仪上的传感器插入热台孔到底即可，若其位置不对，将影响测量准确度。

④ 要得到准确的熔点值，先用熔点标准物质进行测量标定，求出修正值（修正值＝标准值－所测熔点值），作为测量时的修正依据。注意：标准样品的熔点值应和所要测量的样品熔点值越接近越好。这时，样品的熔点值＝该样品实测值＋修正值。

⑤ 对待测样品要进行干燥处理，或放在干燥缸内进行干燥，粉末要进行研细。

⑥ 当采用载玻片测量时，建议该盖玻片（薄的一块）放在热台上，放上药粉，再放上载玻片测量。

⑦ 在数字温度显示最小一位（如 8 或 7 之间跳动时）应读为 8.5℃。

⑧ 在重复测量时，开关处于关的状态，这时加热停止。自然冷却到 10℃ 以下时，放入样品，开关打到加热时，即可进行重复测量。

⑨ 测试完毕，应切断电源，当热台冷却到室温时，方可将仪器装入包箱内。

四、装置图

如图 8-2 所示为常用的显微熔点仪。

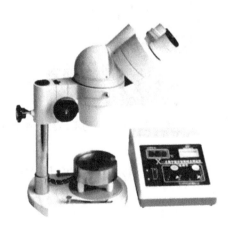

图 8-2　常用的显微熔点仪

知识链接　　**重结晶和干燥技术**

一、重结晶知识

结晶是固体物质以晶体状态从溶液中析出的过程。它包括冷却法、蒸发冷却法、加入第三种物质。影响因素主要有过饱和度、冷却速率、搅拌速率、晶种、杂质等，如图 8-3 所示。

重结晶是利用被提纯物质在某种溶剂中的溶解度差异，使被提纯物质在过饱和溶液中析出，而其他杂质保留在溶液中的过程。它主要应用于固体产品提纯，其中杂质含量≪5%，它的关键是选好溶剂，溶剂要求：①不与产品反应；②产品在该溶剂中溶解度随温度变化大；③溶剂对杂质的溶解度影响很大或很小；④容易挥发；⑤能形成较好的晶体；⑥毒性低、价格低。如图 8-4 所示是重结晶溶剂的选择流程。

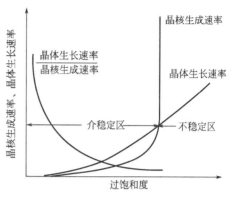

图 8-3　重结晶的影响因素

加速结晶方法有三种：一是加晶种；二是将玻璃容器划花一些；三是冷却到−70℃，再慢慢加热，如图 8-5 所示是重结晶的基本流程。

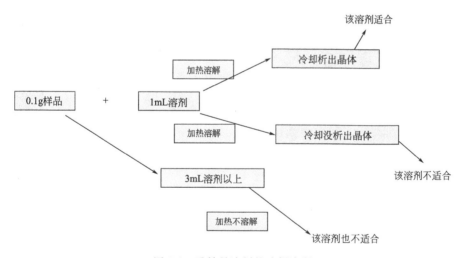

图 8-4　重结晶溶剂的选择流程

二、干燥相关知识

干燥是利用加热或干燥剂等方法将产品的湿分（包括水和其他溶剂）去除的操作。干燥分为自然晾干、红外线干燥、加热烘干、冷凝、冷冻、真空干燥、干燥剂脱水等。

1. 气体的干燥

如图 8-6 所示是常用的气体干燥器。

2. 液体的干燥

干燥剂有无水氯化钙、无水硫酸镁、无水硫酸钠干燥等，如图 8-7 所示。它应用于中性产品，不能用于酸性、醛或酯类产品。

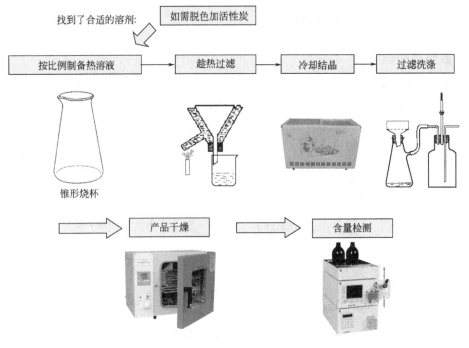

图 8-5　重结晶流程

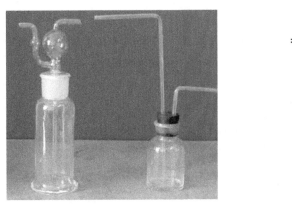

(a) 洗气瓶(浓硫酸)

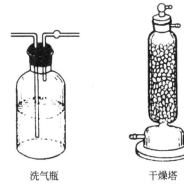

(b) 五氧化二磷

图 8-6　常用的气体干燥器

图 8-7　干燥剂

分子筛法是利用其选择性去除水分，比孔穴孔径小分子的才能进入其中，从而达到分离目的，如图 8-8 所示。

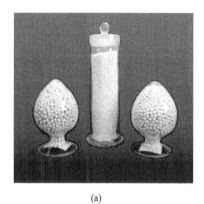
(a)

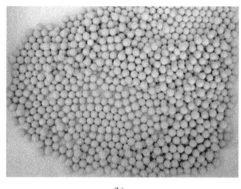
(b)

图 8-8　分子筛干燥剂

3. 固体的干燥

① 自然晾干。

② 加热干燥：低于产品熔点 20～30℃，如图 8-9 和图 8-10 所示为常用的干燥箱。

图 8-9　真空干燥箱

图 8-10　数显鼓风干燥箱

③ 干燥器干燥。如图 8-11 和图 8-12 所示为常用的干燥器。

图 8-11　真空干燥器

图 8-12　普通干燥器

思考题

1. 如何保证重结晶的纯度？
2. 如何保证产品已经干燥？
3. 如何选择重结晶溶剂？
4. 熔点仪的使用要注意哪些问题？

项目九 薄层色谱技术

项目背景

    盐酸阿米洛利，别名蒙达清，为较强的保钾利尿药，其作用部位为远曲小管和皮质的集合管。降低该部位氢、钾的分泌和钠、钾的交换，因而保钾利尿。常和氢氯噻嗪、呋塞米合用，因不经肝代谢，肝功能损害者仍可应用。某公司现有原料药盐酸阿米洛利粗品 100kg，含量未知，客户要求知道粗品中所含的杂质有几种，并要求把含量提高至客户要求的纯度。

项目分析

    要知道盐酸阿米洛利粗品中含有几种杂质，可以用薄层色谱（TLC）进行检验，并可以大致知道主要成分和杂质的相对含量。

任务实施   盐酸阿米洛利的薄层色谱分析

任务一 检验阿米洛利样品的纯度

一、任务要求

检验盐酸阿米洛利粗品有几种杂质并计算 R_f 值。

二、注意事项

    ① 点样量应适中，过载会引起斑点拖尾，分离度变差，以最小检测量的几倍至几十倍为宜，手工点样工具用定容玻璃毛细管（$1\sim5\mu$L）。点样后先在紫外光下观察样品斑点，如斑点不明显或太浓要重新点样。

    ② 样品溶液不能太浓或太稀。

③ 点样前，应在薄层板下端 0.5～1cm 处用铅笔划一条细线，但不要破坏硅胶，大小要合适（斑点直径一般不超过 2mm），间距 5～6mm。

④ 放板时手要平稳，否则会走出斜线。

⑤ 点样用的毛细管不能交叉使用。

三、操作步骤

① 制样品溶液 将约 0.1g 盐酸阿米洛利粗品溶于 10mL 乙醇中。

② 点样 用定容玻璃毛细管（1～5μL）蘸取样品溶液并在薄层板下端 0.5～1cm 处轻轻点样，点两点。可采用多次点加法，第二次点加时应待前一次点加的溶剂挥发后再进行。点样量应适中，过载会引起斑点拖尾，分离度变差，以最小检测量的几倍至几十倍为宜。

③ 配展开剂 按石油醚：乙酸乙酯＝4：6(体积比)配展开剂，采用直线形上行展开，薄层板水平角度以 75°为最佳。展开距离一般为 10～15cm。

④ 检测 采用物理方法，紫外光下显示荧光可看到薄层色谱上出现棕色斑点。

⑤ 计算 用铅笔轻轻描下斑点的位置并计算 R_f 值。

任务二 选择最佳 R_f 值 （0.3～0.7）

一、任务要求

选择使盐酸阿米洛利粗品展开的最佳展开剂并计算 R_f 值。

二、注意事项

① 点样量应适中，过载会引起斑点拖尾，分离度变差，以最小检测量的几倍至几十倍为宜，手工点样工具用定容玻璃毛细管（1～5μL）。点样后先在紫外光下观察样品斑点，如斑点不明显或太浓要重新点样。

② 样品溶液不能太浓或太稀。

③ 点样前，应在薄层板下端 0.5～1cm 处用铅笔划一条细线，但不要破坏硅胶，大小要合适（斑点直径一般不超过 2mm），间距 5～6mm。

④ 放板时手要平稳，否则会走出斜线。

⑤ 点样用的毛细管不能交叉使用。

三、操作步骤

① 制样品溶液 将约 0.1g 盐酸阿米洛利粗品溶于 10mL 乙醇中。

② 点样 用定容玻璃毛细管（1～5μL）蘸取样品溶液并在薄层板下端 0.5～1cm 处轻轻点样，点两点。可采用多次点加法，第二次点加时应待前一次点加的溶剂挥发后再进行。点样量应适中，过载会引起斑点拖尾，分离度变差，以最小检测量的几倍至几十倍为宜。

③ 配展开剂 按石油醚：乙酸乙酯＝4：6(体积比)配展开剂，采用直线形上行展开，薄层板水平角度以 75°为最佳。展开距离一般为 10～15cm。如 R_f 值不在理想范围，则改变石油醚与乙酸乙酯的比例，重新点样（可按石油醚：乙酸乙酯＝1：9、2：8、3：7、4：6、5：5、6：4、7：3、8：2、9：1 逐渐改变极性找到合适的 R_f 值）。

④ 检测 采用物理方法，紫外光下显示荧光可看到薄层色谱上出现棕色斑点。

⑤ 计算 用铅笔轻轻描下斑点的位置并计算 R_f 值。

 **知识链接** 薄层色谱理论

一、薄层色谱介绍

1. 色谱

1906 年 Tswett 研究植物色素分离时提出色谱法概念；他在研究植物叶的色素成分时，将植物叶子的萃取物倒入填有碳酸钙的直立玻璃管内，然后加入石油醚使其自由流下，结果色素中各组分互相分离形成各种不同颜色的谱带。按光谱的命名方式，这种方法因此得名为色谱法。

在色谱法中，静止不动的一相（固体或液体）称为固定相（stationary phase）；运动的一相（一般是气体或液体）称为流动相（mobile phase）。

2. 薄层色谱与高效液相色谱的差别

（1）固定相和流动相 TLC——流动相流动靠毛细作用力，流动相选择较少受限制，固定相不用再生。而 HPLC 是在封闭的系统内，流动相流量靠泵控制，溶剂选择受检测器限制，固定相需再生。

（2）样品处理 TLC 要求没有 HPLC 严格。

3. 薄层色谱构成

（1）固定相 硅胶——为使用最广泛的薄层材料；氧化铝——有碱性、中性、酸性；硅藻土——为化学中性吸附剂；纤维素——天然多糖类；聚酰胺——为特殊类型有机薄层材料，对能形成氢键的物质有特别的选择性。

（2）载板 玻璃板，放在饱和碳酸钠溶液中浸泡数小时，除去玻璃表面的油污。然后充分漂洗干净，干燥，置干燥器中备用。要求光滑、平整、洗净后不附水珠。

（3）黏结剂 无机黏结剂——石膏（硫酸钙），添加石膏的吸附剂以字母"G"表示。没有黏结剂的吸附剂以字母"H"表示。有机黏结剂——羧甲基纤维素钠（CMC）、淀粉、聚乙烯醇、高分子聚合物等。其特点是薄层强度高、使用方便，但不能用浓硫酸作显色剂。荧光黏结剂——在吸附剂中添加某种荧光指示剂，常用的荧光指示剂在 254nm 紫外光下发蓝色荧光的有钠荧光素、硫化镉、阴极绿等。在 366nm 处有荧光的指示剂如彩蓝等。含有荧光指示剂的商品吸附剂以"F"表示，并以下标注明其激发光波长。例如硅胶 HF_{254}。

二、TLC 操作步骤

1. 薄层板活化

涂布后的薄层先在室温下晒干，在使用前置适当温度烘烤一定时间进行活化，然后置干燥器中备用。不同薄层活化条件略有不同，如：

硅胶	110℃	1h
氧化铝	110℃	30min

2. 点样

要求配制样品的溶剂具有高度挥发性和尽可能非极性，否则易使斑点扩展。采用多次点加法，第二次点加时应待前一次点加的溶剂挥发后再进行。点样量应适中，过载会引起斑点拖尾，分离度变差，以最小检测量的几倍至几十倍为宜。手工点样工具：定容玻璃毛细管（1～5μL），微量注射器。

3. 展开

多数采用直线形上行展开，薄层板水平角度以 75° 为最佳，展开距离一般为 10~15cm，如图 9-1 所示。也可多次展开，一次展开未达满意分离时，可将薄层板干燥后再次用同一种溶剂展开，可重复多次，直到混合物分离为止。分步展开是混合物性质差别较大，一种流动相不能有效分离时，可采用不同溶剂依次展开不同距离。

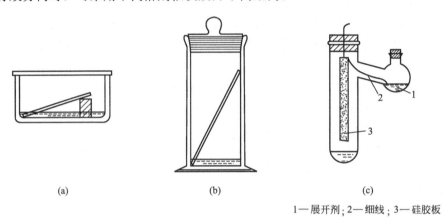

(a)   (b)   (c)

1—展开剂；2—细线；3—硅胶板

图 9-1 硅胶板放置方法

4. 检测

物理方法：常用紫外光下显示荧光或荧光淬灭。化学方法：加化学试剂显色，要求显色稳定、持久、专属、灵敏、线性良好。斑点定位方法：即碘蒸气法——灵敏、简便，为通用显色法。将碘结晶放在密封的展开缸中，碘的升华，使缸内充满紫色的碘蒸气。将展开后的板挥干溶剂，置于碘缸中，至薄层色谱上出现棕色斑点。

5. 保留参数 R_f 值计算

保留参数（R_f 值）：用来表征斑点位置的基本参数是保留因子，通常称作比移值，用 R_f 表示，$R_f = L_s/L_0$，如图 9-2 所示。

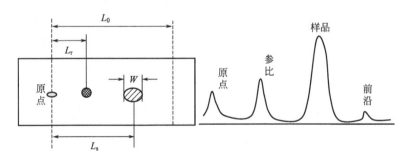

图 9-2 保留参数 R_f 值

6. 流动相与展开体系选择

在该色谱中，溶质的保留和分离选择性取决于三个因素：流动相、吸附剂和溶质。流动相强度越高，表示它与吸附剂相互作用力强。溶质的 R_f 值就越大。为得到满意的分离，选用的流动相使溶质的 R_f 值在 0.3~0.7 之间为宜，如图 9-3 所示。溶剂强度也可用其在水中的溶解度参数 δ 来表示，见表 9-1。增加溶剂强度，使 R_f 值增大，但可能降低分离能力，流动相中较强组分的体积比小于 5% 或大于 50%，选择性最大，此时最有利于溶质与流动相组分的选择性相互作用。用乙醚或甲醇代替流动相中的一种较强组分，由于形成氢键，可改善选择性。若出现斑点拖尾，可向流动相中加少量水，或降低薄层活性，有利于改善分离。也可采用两种强溶剂与一种弱溶剂组成的三元混合流动相，此时，溶剂强度由弱溶剂控制，而溶剂选择性则由两种强溶剂控制。

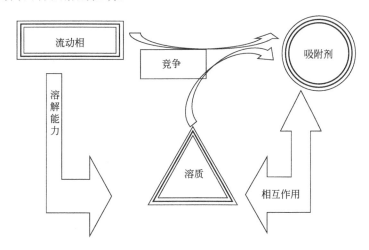

图 9-3　流动相、吸附剂和溶质相互作用

表 9-1　常用溶剂的溶剂强度与溶解度参数

溶剂	ε^0	δ	溶剂	ε^0	δ
正己烷	0.01	7.3	石油醚	0.02	8.2
苯	0.32	9.2	乙醚	0.38	7.4
二氯甲烷	0.42	9.6	正丙醇	0.82	10.2
正丁醇	0.70	—	四氢呋喃	0.57	9.1
乙酸乙酯	0.58	8.6	氯仿	0.40	9.1
甲乙酮	0.51	—	二氧六环	0.56	9.8
吡啶	0.71	10.4	丙酮	0.50	9.4
乙醇	0.88	—	乙酸	1.00	12.4
二甲亚砜	0.75	12.8	甲醇	0.95	12.9
乙二醇	1.11	14.7	甲酰胺	—	17.9

7. 薄层扫描

薄层定量方法可分为：直接法——测定照射光照射色谱后，因被测物斑点的存在引起的透射光和反射光的变化，并通过随行标准比较待测斑点的量，间接法——将部分照射光的能量转换成较长波长的荧光，即荧光测量。

薄层色谱定量测定的光学方法是基于测量斑点和薄层空白处光学响应信号的差值。间接定量是将薄层分离后物质斑点定量地洗脱下来，再对洗脱液定量。其他还有分光光度法、HPLC 法、GC 法、质谱法。

三、薄层色谱应用

1. 食品和营养

食品中的营养成分是蛋白质、氨基酸、糖类、油和脂肪、维生素、食用色素等。与食品和营养有害的物质则有残留农药、致癌的黄曲霉素等。这些成分都可用薄层色谱法定性及定量。蛋白质和多肽水解为氨基酸，对不同来源的动物性和植物性蛋白水解后产生不同的氨基酸进行定性及定量，有助于解决蛋白质的结构和食品营养问题。二十多种氨基酸用硅胶 G

薄层板双向展开，一次即能分开，然后进行定性和定量，方法快速而简便。多糖和寡糖可水解为单糖，可用薄层色谱法进行单糖和双糖的定性及定量。文献上有每一个糖的 R_f 值和相应的展开剂。油和脂肪都为脂肪酸，脂肪酸的种类和结构中的不饱及键数，与营养及卫生有关，关于油和脂肪的薄层（硅胶、硅藻土、纤维素）分析，文献和综述很多。脂溶性和水溶性维生素在薄层上可方便地进行定性和定量，例如脂溶性维生素 A、C、D、E、K 及 B_2、B_6、B_{12}、酶酸、泛酸、叶酸、维生素 C 等可在硅胶 G 薄层上可用苯∶甲醇∶丙酮∶冰醋酸（7∶2∶0.5∶0.5）分开。用硅胶 G 薄层层板，展开剂丙酮∶氯仿（1∶1），在激发波长为 365nm 或 450nm 处，用荧光法测定纳克量的曲黄素 B_1、B_2、G_1、G_2，该法灵敏快速。

2. 药物和药物代谢

薄层色谱法在合成药物和天然药物中的应用很广。有些文献和内容偏重于合成药物、化合物及其代谢产物，有文献介绍了在中草药分析中的应用。每一类药物，例如磺胺、巴比妥、苯并噻嗪、甾体激素、抗生素、生物碱、强心苷、黄酮、挥发油和萜等，都包括几种或十几种化学结构和性质非常相似的化合物，可以在文献中找出一两种全盘的展开剂，一次即能把每一类的多种化合物很好地分开，如图 9-4 所示。药物代谢产物的样品一般先经预处理后用薄层分析，应用也很广，但有时因含量甚微，不如采用气相和高效液相色谱法灵敏。

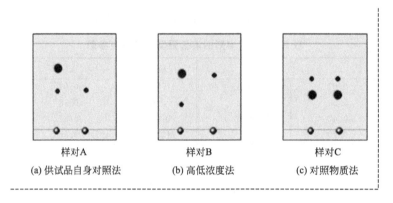

样对A　　　　　　　样对B　　　　　　　样对C

(a) 供试品自身对照法　　(b) 高低浓度法　　(c) 对照物质法

图 9-4　药物杂质检查示意图

3. 化学和化工

化工和化学方面的有机原料及产品都可用薄层色谱法分析。例如含各种功能基的有机物、石油产品、塑料单体、橡胶裂解产物、涂料原料、合成洗涤剂等，内容非常广泛。

4. 医学和临床

薄层色谱法的应用还渗透到医学和临床中去，例如它是一种快速的诊断方法，可用于妊娠的早期诊断。该方法是基于在孕妇的尿中能检出比未怀孕妇女的尿液中含更多的孕二醇，把两者的尿提取后点在薄层上比较，即可做出判断。这种方法可不用动物而在 2~3h 内化验出结果。

5. 毒物分析和法医化学

如前所述，经典的毒物分析有许多缺点，毒物分析和法医化学采用薄层色谱法等新的手段，对麻醉药、巴比妥、印度大麻、鸦片生物碱等均可分析。

6. 农药

十多种有机磷农药和六种有机氯农药都可在硅胶 G 薄层上分开并测定含量，可用于农药分析及其残留量分析。

思考题

1. 如何保证样品点浓度适中？
2. 展开后，样品点不够高该怎么办？
3. 保留参数 R_f 值如何计算？
4. 薄层色谱有哪些应用？

项目十 柱层析技术

项目背景

研究人员在开发新药的过程中，发现了一种新物质，需要对该物质进行分析，但该物质中含有很多其他杂质，会严重影响分析结果，要准确分析该物质必须先把杂质除去，得到高纯度的样品，但目前样品总共只有约 0.5g，如何对这么少量的样品进行纯化？能否用重结晶的方法？

项目分析

在对物质提纯过程中，如果样品量比较多，重结晶是比较好的选择，尽管它会有比较大的损失。而对很少量的样品进行提纯，为了尽可能减少损失，可以选择柱分离技术，它可以分离少到几毫克，多则几千克的样品，而且提纯的效果也更好。

 **任务实施** 未知物质的柱层析操作

任务一 选择合适的洗脱液

一、任务要求

选择使新物质能够展开的最佳洗脱液并计算 R_f 值。

二、注意事项

① 点样量应适中，过载会引起斑点拖尾，分离度变差，以最小检测量的几倍至几十倍为宜，手工点样工具用定容玻璃毛细管（$1\sim5\mu L$）。点样后先在紫外光下观察样品斑点，如斑点不明显或太浓要重新点样。

② 样品溶液不能太浓或太稀。

③ 点样前，应在薄层板下端 0.5～1cm 处用铅笔划一条细线，但不要破坏硅胶，大小要合适（斑点直径一般不超过 2mm），间距 5～6mm。

④ 放板时手要平稳，否则会走出斜线。

⑤ 点样用的毛细管不能交叉使用。

⑥ 如 R_f 值不在理想范围，可改变石油醚与乙酸乙酯的比例，重新点样（可按石油醚：乙酸乙酯＝1：9、2：8、3：7、4：6、5：5、6：4、7：3、8：2、9：1 逐渐改变极性，找到合适的 R_f 值）。

三、操作步骤

① 制样品溶液　将约 0.01g 新物质溶于 2mL 乙醇中。

② 点样　用定容玻璃毛细管（1～5μL）蘸取样品溶液，并在薄层板下端约 1cm 处轻轻点样，点两点。可采用多次点加法，第二次点加时应待前一次点加的溶剂挥发后再进行。点样量应适中，过载会引起斑点拖尾，分离度变差，以最小检测量的几倍至几十倍为宜。

③ 根据极性选择展开剂　不同溶剂的极性见项目九。

④ 检测　采用物理方法，紫外光下显示荧光，可看到薄层色谱上出现棕色斑点。

任务二　对产品进行柱分离

一、任务要求

将约 0.1g 新物质样品用柱层析分离进行提纯并收集，用任务一中选好的洗脱液进行分离。

二、注意事项

① 洗脱剂是石油醚/乙酸乙酯/丙酮体系，选择石油醚搅拌。

② 采用双联球或气泵加压压缩至 9/10 体积。无论是用常压柱或加压柱，都可使分离度提高。

③ 用少量溶剂（最好采用展开剂，如果展开剂的溶解度不好，则可以用一种极性较大的溶剂）将样品溶解后上样。

三、操作步骤

1. 称量

200～300 目硅胶，称 30～70 倍于上样量；如果极难分，也可以用 100 倍量的硅胶 H。干硅胶的表观密度在 0.4g/cm³ 左右，所以要称 40g 硅胶，用烧杯量 100mL 也可以。

2. 搅成匀浆

加入干硅胶体积一倍的溶剂，用玻璃棒充分搅拌。如果洗脱剂是石油醚/乙酸乙酯/丙酮体系，则用石油醚搅拌；如果洗脱剂是氯仿/醇体系，就用氯仿搅拌。如果不能搅成匀浆，说明溶剂中含水量太大。

3. 装柱

将柱底用棉花塞紧，不必用海沙，加入约 1/3 体积石油醚（氯仿），装上蓄液球，打开柱下活塞，将匀浆一次倾入蓄液球内。随着沉降的进行，会有一些硅胶粘在蓄液球内，用石油醚（氯仿）将其冲入柱中。

4. 压实

沉降完成后，加入更多的石油醚，用双联球或气泵加压，直至流速恒定。柱床约被压缩至 9/10 体积。无论走常压柱或加压柱，都应进行这一步，可使分离度提高很多，且可以避免过柱时由于柱床萎缩产生开裂。

5. 上样

用少量溶剂（最好采用展开剂，如果展开剂的溶解度不好，则可以用一种极性较大的溶剂，但必须少量）将样品溶解后，再用胶头滴管转移得到的溶液，沿着层析柱内壁均匀加入。然后用少量溶剂洗涤后，再加入。

6. 过柱和收集

柱层析实际上是在扩散和分离之间的权衡。太低的洗脱强度并不好，推荐用梯度洗脱。收集的例子：10mg 上样量，1g 硅胶 H，0.5mL 收一馏分；1～2g 上样量，50g 硅胶（200～300目），20～50mL 收一馏分。

7. 检测

要更多地使用专用喷显剂，如果仅用紫外灯，会损失较多产品，紫外灯的灵敏度一般比喷显剂低 1～2 个数量级。

8. 蒸掉洗脱液得到最终产品

将含有同一种物质的洗脱液集中，并在旋转蒸发仪上蒸掉洗脱液后可得到纯的样品。

知识链接　柱层析理论

一、吸附柱层析

它的原理是利用吸附剂对混合试样各组分的吸附力不同而使各组分分离。当采用溶剂洗脱时，发生一系列吸附→解吸→再吸附→再解吸的过程，吸附力较强的组分，移动的距离短，后出柱；吸附力较弱的组分，移动的距离长，先出柱，如图 10-1 所示为常用的层析柱。

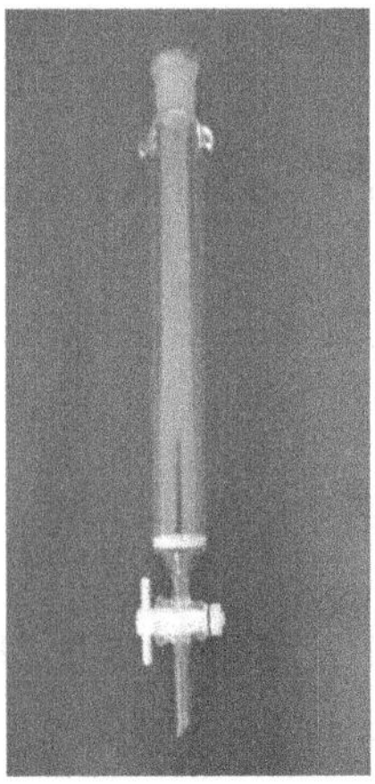

图 10-1　常用的层析柱

二、洗脱方法及流出曲线

1. 有色物质分离的洗脱方法

推出法是有色物质分离后，将吸附剂从柱中推出，用刀按层切开，分层洗脱后再定量。

2. 无色物质分离的洗脱方法及流出曲线

无色物质分层后，可采用流出曲线加以判断，流出曲线是以物质浓度为纵坐标，以收集的洗脱液体积为横坐标得出的曲线。柱层析中按洗脱剂（溶剂）的不同可分为以下三种：设样品中含有 A、B 两组分，前者吸附力弱，即样品与固定相吸附力 A＜B。

① 洗脱法　最开始流出的是纯溶剂，而后是吸附力较弱的 A 组分，最后为吸附力较强的 B 组分。

② 迎头法　原试样溶液最开始流出，流出一定体积后，吸附力较弱的 A 组分开始流出，一段时间后，吸附力较强的 B 组分与 A 组分一起流出。

③ 置换法　利用置换剂（内含吸附力更强的吸附剂），先置换出 A 组分，再置换出 B 组分。

3. 吸附剂的选择

① 吸附剂应具有合适的吸附力。

② 颗粒均匀、大小适宜。

③ 吸附与解吸可逆。

④ 不含杂质。

⑤ 不溶于所使用的溶剂（即洗脱剂），与欲分离的物质不发生化学反应。

4. 洗脱剂的选择

① 样品在溶剂中具有一定溶解度。

② 一般采用无水溶剂，且与水不互溶。

③ 溶剂沸点适宜。

④ 纯度要高，无杂质。

三、吸附柱层析操作（匀浆法）

1. 称量

200～300 目硅胶，称 30～70 倍于上样量；如果极难分，也可以用 100 倍量的硅胶 H。干硅胶的表观密度在 0.4g/cm³ 左右，所以要称 40g 硅胶，用烧杯量 100mL 也可以。

2. 搅成匀浆

加入干硅胶体积一倍的溶剂，用玻璃棒充分搅拌。如果洗脱剂是石油醚/乙酸乙酯/丙酮体系，采用石油醚搅拌；如果洗脱剂是氯仿/醇体系，则用氯仿拌。如果不能搅成匀浆，说明溶剂中含水量太大。

3. 装柱

将柱底用棉花塞紧，不必用海沙，加入约 1/3 体积石油醚（氯仿），装上蓄液球，打开柱下活塞，将匀浆一次倾入蓄液球内。随着沉降的进行，会有一些硅胶粘在蓄液球内，用石油醚（氯仿）将其冲入柱中。

湿法装柱和干法装柱各有优劣。不论干法还是湿法，硅胶（固定相）的上表面一定要平整，并且硅胶（固定相）的高度一般为 15cm 左右，太短了可能分离效果不好，太长了也会由于扩散或拖尾导致分离效果不好。

① 湿法装柱　先把硅胶用适当的溶剂拌匀后，再填入柱子中，然后再加压用淋洗剂"走柱子"，本法最大的优点是一般柱子装的比较结实，没有气泡。

② 干法装柱　直接往柱子里填入硅胶，然后再轻轻敲打柱子两侧，至硅胶界面不再下降为止，然后再填入硅胶至合适高度，最后再用油泵直接抽，这样会使得柱子装得很结实。接着是用淋洗剂"走柱子"，淋洗剂一般是用 TLC 展开剂稀释一倍后的溶剂。通常上面加压，下面再用油泵抽，这样可以加快速度。

干法装最大的缺陷在于"走柱子"时，由于溶剂和硅胶之间的吸附放热，容易产生气泡，这一点在使用低沸点的淋洗剂时（如乙醚、二氯甲烷）更为明显。

解决的办法是：①硅胶一定要结实；②一定要用较多的溶剂"走柱子"，一定要到柱子的下端不再发烫，恢复到室温后再撤去压力。

4. 压实

沉降完成后，加入更多的石油醚，用双联球或气泵加压，直至流速恒定。柱床约被压缩至 9/10 体积。无论走常压柱或加压柱，都应进行这一步，可使分离度提高很多，且可以避免过柱时由于柱床萎缩产生开裂。

5. 上样

干法湿法都可以。海沙是没必要的。上样后，加入一些洗脱剂，再将一团脱脂棉塞至接近硅胶表面。然后就可以放心地加入大量洗脱剂，而不会冲坏硅胶表面。

（1）干法上样　把待分离的样品用少量溶剂溶解后，在加入少量硅胶，拌匀后再旋去溶剂。如此得到的粉末再小心加到柱子的顶层。干法上样较麻烦，但可以保证样品层很平整。

（2）湿法上样　用少量溶剂（最好采用展开剂，如果展开剂的溶解度不好，则可以用一极性较大的溶剂，但必须少量）将样品溶解后，再用胶头滴管转移得到的溶液，沿着层析柱内壁均匀加入。然后用少量溶剂洗涤后，再加入。湿法较方便，较熟练后可采用此法。

6. 过柱和收集

柱层析实际上是在扩散和分离之间的权衡。太低的洗脱强度并不好，推荐用梯度洗脱。收集的例子：10mg 上样量，1g 硅胶 H，0.5mL 收一馏分；1～2g 上样量，50g 硅胶（200～300 目），20～50mL 收一馏分。

7. 检测

要更多地使用专用喷显剂，如果仅用紫外灯，会损失较多产品，紫外的灵敏度一般比喷显剂低 1～2 个数量级。

8. 送谱

将收集的产品用旋转蒸发仪蒸干溶剂，在送谱前通常需要重结晶。如果样品太少或为液体，可过一小段凝胶柱，作为送谱前的最后纯化手段。可除去氢谱 1.5×10^{-6} 左右所谓的"硅胶"峰。

9. 其他注意事项

先根据 TLC 方法筛选好洗脱剂，使两相邻物质 R_f 值之差最大化，将柱子必须装平整、均匀，考虑有限柱填料的吸附量，可考虑用剃度法分开并洗脱。

思考题

1. 如何选择洗脱液？
2. 最后怎样收集产品？
3. 干法上样如何操作？
4. 如何计算硅胶用量？

项目十一　从茶叶中提取咖啡因

项目背景

咖啡因又叫咖啡碱，是一种生物碱，其分子结构如图 11-1 所示。它存在于茶叶、咖啡、可可等植物中。例如茶叶中含有 $1\%\sim5\%$ 的咖啡因，同时还含有单宁酸、色素、纤维素等物质，它的空间结构如图 11-2 所示。

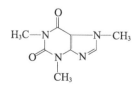

图 11-1　咖啡因分子结构

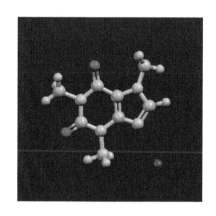

图 11-2　咖啡因空间结构

咖啡因 (caffeine) 有去除疲劳、兴奋神经的作用，临床上用于治疗神经衰弱和昏迷复苏。但是，大剂量或长期使用也会对人体造成损害，特别是它也有成瘾性，一旦停用会出现精神委顿、浑身困乏疲软等各种戒断症状，虽然其成瘾性较弱，戒断症状也不十分严重，但被列入受国家管制的精神药品范围。

　　滥用咖啡因通常也有吸食和注射两种形式，其兴奋刺激作用及毒副反应、症状、药物依赖性与苯丙胺相近。

 **项目分析**

　　提取咖啡因的方法有碱液提取法和索氏提取器提取法。本实训以乙醇为溶液，用索氏提取器提取，再经浓缩、中和、升华，得到含结晶水的咖啡因，工业上咖啡因主要是通过人工合成制得的。

　　任务实施　　从茶叶中提取咖啡因

任务　提取 10g 茶叶中的咖啡因

一、任务要求

用以下仪器规范搭设索氏提取装置，并提取 10g 茶叶中的咖啡因。

仪器药品：干茶叶，乙醇，石灰粉，脱脂棉，索氏提取器，温度计，烧杯，加热套，蒸发皿，玻璃漏斗，滤纸，蒸馏烧瓶，直形冷凝管，蒸馏头，套管，研钵。

二、注意事项

① 加热时温度不宜太高，否则蒸发皿内大量冒烟，产品既受污染又遭损失。

② 升华操作结束后要等蒸发皿完全冷却后再进行清洗，否则会使蒸发皿碎裂。

③ 升华过程中要打开通风设备，保证空气流通。

三、操作步骤

① 称取 10g 干茶叶，装入滤纸筒内，轻轻压实，滤纸筒上口塞一团脱脂棉，置于抽提筒中，在圆底烧瓶内加入 60～80mL 95％的乙醇，加热乙醇至沸腾，连续抽提 1h，待冷凝液刚刚虹吸下去时，立即停止加热。

② 将仪器改装成蒸馏装置，加热回收大部分乙醇。

③ 将残留液（10～15mL）倾入蒸发皿（也可用烧杯）中，烧瓶用少量乙醇洗涤，洗涤液也倒入蒸发皿中，蒸发至近干。注意温度控制，不要太高！

④ 加入 4g 生石灰粉，搅拌均匀，用电热套加热，蒸发至干，除去全部水分。冷却后，擦去粘在边上的粉末，以免升华时污染产物。注意温度控制，不要太高！

⑤ 将一张刺有许多小孔的圆形滤纸盖在蒸发皿上，取一个大小合适的玻璃漏斗罩于其上，漏斗颈部疏松地塞一团脱脂棉。

⑥ 用电热套小心加热蒸发皿，慢慢升高温度，使咖啡因升华。咖啡因通过滤纸孔遇到漏斗内壁凝为固体，附着于漏斗内壁和滤纸上。

⑦ 当纸上出现白色针状晶体时，暂停加热，冷至 100℃左右，揭开漏斗滤纸，仔细用小刀把附着于滤纸及漏斗壁上的咖啡因刮入表面皿中。

四、装置示意图

如图 11-3 所示为索氏提取装置，如图 11-4 所示为升华装置。

图 11-3　索氏提取装置

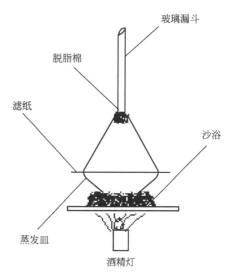

图 11-4　升华装置

 **知识链接**　　**提取方法介绍**

一、连续提取法（索氏提取法）

应用挥发性有机溶剂提取天然药物有效成分，不论小型实训或大型生产，均以连续提取法为好，而且需用溶剂量较少，提取成分也较完全。实训室常用脂肪提取器或称索氏提取器（图 11-5）。连续提取法，一般需数小时（6～8h）才能提取完全。

1. 索氏提取器提取原理

由烧瓶、提取筒、回流冷凝管三部分组成。索氏提取器是利用溶剂的回流及虹吸原理使固体物质每次都被纯的热溶剂所萃取，减少了溶剂用量，缩短了提取时间，因而效率较高。

萃取前先将固体物质研碎，以增加固液接触的面积。然后，将固体物质放在滤纸包内，置于提取器中，提取器的下端与盛有浸出溶剂的圆底烧瓶相连，上面接回流冷凝管。加热圆底烧瓶，使溶剂沸腾，蒸气通过连接管上升，进入冷凝管中，被冷凝后滴入提取器中，溶剂和固体接触进行萃取，当提取器中溶剂液面达到虹吸管的最高处时，含有萃取物的溶剂虹吸回到烧瓶，因而萃取出一部分物质。然后圆底烧瓶中的浸出溶剂继续蒸发、冷凝、浸出、回流，如此重复，使固体物质不断被纯的浸出溶剂所萃取，将萃取出的物质富集在烧瓶中。液-固萃取是利用溶剂对固体混合物中所需成分的溶解度大，对杂质的溶解度小来达到提取分离的目的。

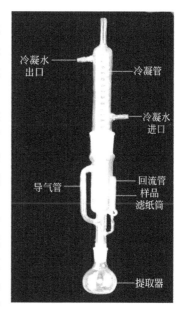

图 11-5　索氏提取器

2. 操作方法

① 将固体物质研细，以增加溶剂浸溶面积。

② 然后将研细的固体物质装入滤纸筒内，再置于抽提筒，烧瓶内盛溶剂，并与抽提筒

相连，索式提取器的抽提筒上端接冷凝管。

③ 溶剂受热沸腾，其蒸气沿抽提筒侧管上升至冷凝管，冷凝为液体，滴入滤纸筒中，并浸泡筒中样品。

④ 液面超过虹吸管最高处时，即虹吸流回烧瓶，从而萃取出溶于溶剂的部分物质。

⑤ 多次重复，把要提取的物质富集于烧瓶内，提取液经浓缩除去溶剂后再进行升华操作。

二、其他提取方法介绍

1. 浸渍法

根据溶剂的温度可分为热浸、温浸和冷浸等数种。此法比较简单，可将药粉装入适当的容器中，加入适当的溶剂（多用水或稀醇），以能浸透药材稍有过量为度，时常振摇或搅拌，放置一日以上过滤，药渣另加新溶剂。如此再提 2～3 次。第 2、3 次浸渍时间可缩短。合并提取液，浓缩后可得提取物。

2. 煎煮法

加水浸过药面，充分浸泡后，直火或蒸汽加热煮，一般煮 2～3 次，每次 0.5～1h，煎煮次数及时间可按投药量及药材质地适当增减。直火加热时最好时常搅拌，以免局部药材受热太高，容易焦煳。

3. 回流提取法

回流 1h，滤出提取液，加入新溶剂重新回流 1～2h。如此再反复两次，合并提取液，蒸馏回收溶剂得浓缩提取物。大量生产也可采用类似的装置。此法提取效率较冷渗法高，但受热易破坏的成分不宜用此法，且溶剂消耗量大，操作麻烦。由于操作的局限性，大量生产中较少被采用。

思考题

1. 索式提取器的工作原理是什么？

2. 索式提取器的优点是什么？

3. 对与索式提取器滤纸筒的基本要求是什么？

4. 为什么要将固体物质（茶叶）研细成粉末？

5. 为什么要放置一团脱脂棉？

6. 生石灰的作用是什么？

7. 为什么必须除净水分？

8. 升华装置中，为什么要在蒸发皿上覆盖刺有小孔的滤纸？漏斗颈为什么塞脱脂棉？

9. 升华过程中，为什么必须严格控制温度？

项目十二　抗癫痫药物苯妥英锌的合成

项目背景

中文名称：苯妥英锌。

英文名：phenytoin-Zn。

化学名：5,5-二苯基乙内酰脲锌。

化学结构式：

分子式：$C_{15}H_{11}N_2OZn$。

相对分子质量：300。

CAS No：57-41-0。

药物别名：大仑丁，二苯乙内酰脲。

性状：苯妥英锌为白色粉末，熔点为 222～227℃（分解），微溶于水，不溶于乙醇、氯仿、乙醚。

作用与用途：苯妥英锌可作为抗癫痫药，用于治疗癫痫大发作，也可用于三叉神经痛。

作用机理：阻滞依赖性 Na^+ 通道和 T 型 Ca^{2+} 通道，增强 GABA 的抑制效应。

副作用：常见齿龈增生（儿童发生率高）。应加强口腔卫生和按摩齿龈。长期服用后或血药浓度达 $30\mu g/mL$ 可能引起恶心、呕吐，甚至胃炎，饭后服用可减轻。神经系统不良反应与剂量相关，常见眩晕、头痛，严重时可引起眼球震颤、共济失调、语言不清和意识模糊，调整剂量或停药可消失；较少见的神经系统不良反应有头晕、失眠、一过性神经质、颤搐、舞蹈症、肌张力不全、震颤、扑翼样震颤等。可影响造血系统，致粒细胞和血小板减少，罕见再障；常见巨幼红细胞性贫血，可用叶酸加维生素 B_{12} 防治。可引起过敏反应，常见皮疹伴高烧，罕见严重皮肤反应，如剥脱性皮炎、多形糜烂性红斑、系统性红斑狼疮和致死性肝坏死、淋巴系统霍奇金病等。一旦出现症状立即停药并采取相应措施。小儿长期服用可加速维生素 D 代谢，造成软骨病或骨质异常；孕妇服用偶致畸胎；可抑制抗利尿激素和胰岛素分泌，使血糖升高，有致癌的报道。

项目分析

一、路线评价

1. 方法一：实验室制备

苯妥英锌实验室制备的反应式如下，它的特点是步骤多但较简单且实验试剂易获得。

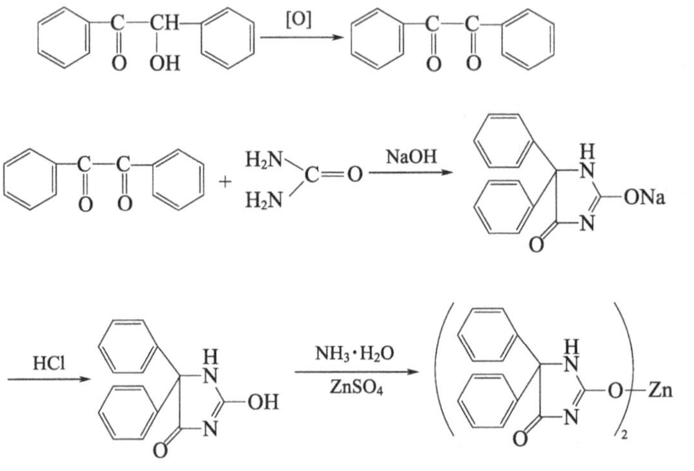

2. 方法二

方法二的反应式如下，它是亲核反应，催化剂为 KOH，反应溶剂为 EtOH。

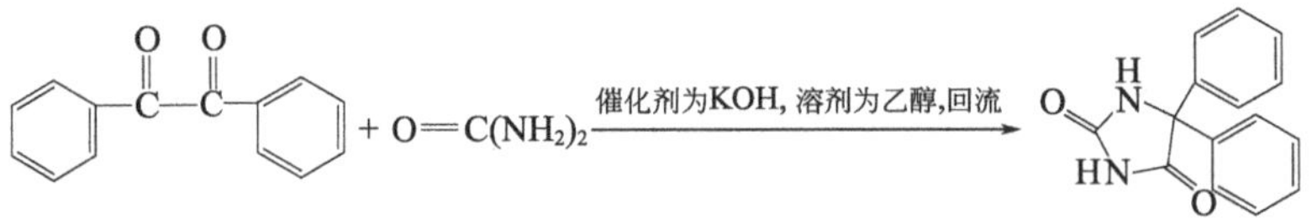

3. 方法三

方法三的反应式如下，催化剂为 HCl，溶剂为乙醇和水，加热到回流温度，反应 2h。最后所得产物的产率在 65% 左右。该反应的反应物因不能直接得到，所以需先制备反应物方可制得目标产物。

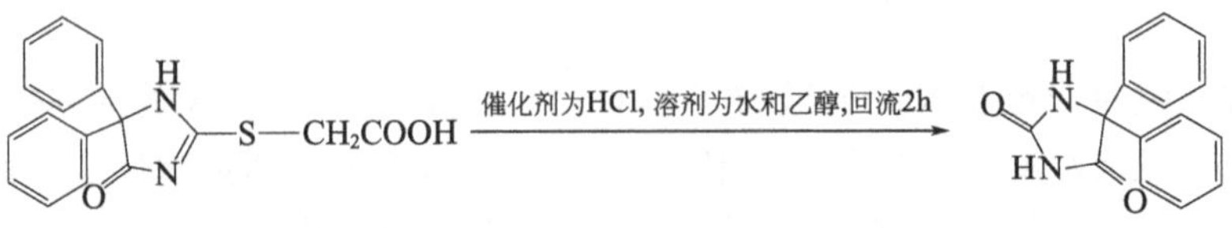

二、路线确定

采用方法一制得目标产物苯妥英锌。原因：①实验药品易从实验室获得；②反应温度易控制；③实验时间短，有利于实验室的制备；④从人力、物力及实验安全角度考虑，方案一更适合实验室生产。

 **抗癫痫药物苯妥英锌的合成**

一、任务要求

二、原辅材料质量标准及规格

制备苯妥英锌的原辅材料质量标准及规格见表 12-1。

表 12-1 制备苯妥英锌的原辅材料质量标准及规格

项目	氯化铁	安息香	联苯甲酰	尿素	氨水
分子式	$FeCl_3 \cdot 6H_2O$	$C_{14}H_{12}O_2$	$C_{14}H_{10}O_2$	$CO(NH_2)_2$	$NH_3 \cdot H_2O$
相对密度	2.90	1.310	—	1.335	0.9
相对分子质量	162.21	212.25	210.22	60.06	35.045
外观	黑棕色结晶,也有薄片状	乳白色或淡黄色结晶	黄色结晶体	无色或白色针状	无色液体
含量/%	≥95	99	≥99		10
检验方法	原子吸收比色法	—	CO_2 程序升温脱附	原子吸收分光光度法	滴入酚酞,溶液变红色
危害	吸入本品粉尘对整个呼吸道有强烈刺激腐蚀作用,损害黏膜组织,引起化学性肺炎等	吸入时应避免蒸气的浓度过高而刺激眼、鼻、喉等	急性中毒时,呼吸道剧烈刺激、喉灼痛感、头痛、眩晕、干咳,呼吸困难等		氨进入肺细胞后易和血红蛋白结合,破坏运氧功能。人在短期内吸入大量的氨,可出现流泪、咽痛、声音嘶哑、头晕、恶心、胸闷、乏力等症状

三、操作步骤

1. 联苯甲酰的制备

在装有球形冷凝器的 250mL 三口烧瓶中，依次加入 $FeCl_3 \cdot 6H_2O$ 14g、冰醋酸 15mL、水 6mL，加热到回流，5min 后，加入安息香 2.5g，加热回流 50min。稍冷，加水 50mL，再加热至回流后，将反应液倾入 250mL 烧杯中，搅拌，放冷，析出黄色固体，抽滤。结晶用少量水洗，干燥至恒重后称量（或湿重的 50%），得粗品，测熔点为 88～90℃，计算收率。

2. 苯妥英的制备

在装有球形冷凝器的 250mL 圆底烧瓶中，依次加入联苯甲酰 2g、尿素 0.7g、20% 氢氧化钠 6mL 和 50% 乙醇 10mL，加热，回流反应 30min，然后加入沸水 60mL、活性炭 0.3g，煮沸脱色 10min，放冷过滤。滤液用 10% 的盐酸调 pH=6，析出结晶，抽滤。结晶用少量水洗，干燥至恒重后称量（或湿重的 50%），得粗品，计算收率。

3. 苯妥英锌的制备

将苯妥英 0.5g 置于 50mL 烧杯中，加入氨水（15mL $NH_3 \cdot H_2O$＋10mL H_2O），尽量使苯妥英溶解，如有不溶物则抽滤除去。另取 0.3g $ZnSO_4 \cdot 7H_2O$ 加 3mL 水溶解，然后加到苯妥英铵水溶液中，析出白色沉淀（若无白色沉淀，继续加 $ZnSO_4$ 水溶液直至有白色沉淀）。抽滤，结晶用少量水洗，干燥至恒重后称重（或湿重的 50%），得苯妥英锌粗品，测分解点，计算收率。

四、生产工艺流程

如图 12-1 所示为制备苯妥英锌的工艺流程。

图 12-1 制备苯妥英锌的工艺流程

五、实验装置图

如图 12-2 所示为制备苯妥英锌的实验装置。

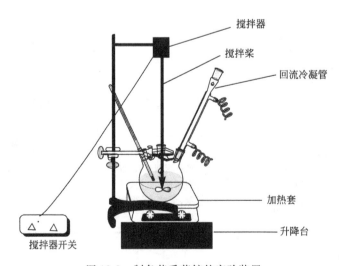

图 12-2 制备苯妥英锌的实验装置

 **知识链接**　　危险化学品

一、燃烧爆炸危险性

1. 燃烧性

本实验需要用到乙醇，乙醇易燃，其蒸气与空气可形成爆炸性混合物，遇明火、高热能引起燃烧爆炸，操作时需十分注意。

2. 危险特性

氨水在加热或常温下极易分解，而氨对接触的皮肤组织都有腐蚀和刺激作用，可以吸收皮肤中的水分，使组织蛋白变性，并使组织脂肪皂化，破坏细胞膜结构。氨通常以气体形式吸入人体，氨被吸入肺后容易通过肺泡进入血液，与血红蛋白结合，破坏运氧功能。进入肺泡内的氨，少部分被二氧化碳所中和，余下的被吸收至血液，少量的氨可随汗液、尿液或呼吸排出体外。短期内吸入大量氨气后会出现流泪、咽痛、咳嗽、胸闷、呼吸困难、头晕、呕吐、乏力等。若吸入的氨气过多，导致血液中氨浓度过高，就会通过三叉神经末梢的反射作用而引起心脏的停搏和呼吸停止，危及生命。操作时应做好防护措施。

3. 禁忌物

强氧化剂。

4. 灭火方法

消防人员必须佩戴防毒面具、穿全身消防服，在上风向灭火。灭火剂：雾状水、泡沫、干粉、二氧化碳、砂土。

二、包装运输

1. 包装类别

Z01。

2. 储运注意事项

储存于阴凉、通风的库房。远离火种、热源。应与氧化剂分开存放，切忌混储。配备相应品种和数量的消防器材。储区应备有合适的材料收容泄漏物。

3. 运输

起运时包装要完整，装载应稳妥。运输过程中要确保容器不泄漏、不倒塌、不坠落、不损坏。严禁与氧化剂、食用化品等混装混运。运输途中应防曝晒、雨淋和高温。车辆运输完毕应进行彻底清扫。

三、毒性危害

1. 毒性

PZ 小鼠灌胃后的 LD_{50} 为 $(141.2\pm10.5)mg/kg$，与 PS 相近；PZ 溶液的刺激性比 PS 小；大鼠长期服药后，仅 PS 高剂量组使 HB 量和 PT 数明显下降，药物对 WBC 总数和 SGPT 活力无影响；服药期间两药血清中 PHT 的浓度与剂量成正比，低剂量时为 $(23.02\pm10.7)\mu mol/L$，高剂量时为 $(69.44\pm12.70)mol/L$；PZ 组全脑的 VWP（脏器重量指数）比对照组偏高，而 PS 组比对照组偏低；光镜下可见细胞结构清楚，无明显组织学改变；PS 组使肝脏 Zn 浓度降低了 25%，血清和海马 Zn 浓度分别提高了 43% 及 17%，PZ 组使肝脏 Zn 浓度增高了 47%，血清 Zn 浓度降低了 27%，药物对被检测器官中 Cu 的浓度几乎无影响。结论：PZ 刺激性和亚急性毒性均较 PS 小，急性毒性与 PS 接近，且不会引起体内 Zn

的蓄积毒性现象。

2. 健康危害

PZ 可增加肝脏 Zn 浓度和降低血清 Zn 浓度，不改变脑组织中 Zn 的分布，有可能减少 PHT 引起小脑萎缩的毒性。

四、急救

（1）皮肤接触　脱去污染的衣着，用大量流动清水冲洗。

（2）眼睛接触　提起眼睑，用流动清水或生理盐水冲洗。就医。

（3）吸入　脱离现场至空气新鲜处。如呼吸困难，给输氧。就医。

（4）食入　饮足量温水，催吐。就医。

五、防护措施

（1）工程控制　生产过程密闭，加强通风。

（2）呼吸系统防护　空气中粉尘浓度超标时，必须佩戴自吸过滤式防尘口罩。紧急事态抢救或撤离时，应该佩戴空气呼吸器。

（3）眼睛防护　戴化学安全防护眼镜。

（4）防护服　穿防毒物渗透工作服。

（5）手防护　戴橡胶手套。

（6）其他　及时换洗工作服。保持良好的卫生习惯。

六、资源综合利用和"三废"处理

乙醇是常用的有机溶剂。在化工生产、中草药提取和精制中要使用大量的乙醇，因此回收乙醇有一定的经济价值。利用乙醇和水的沸点差，可以用蒸馏法从工厂或实验室里的废液中回收乙醇。

回收操作：把被提取的废液加入蒸馏烧瓶里，加入几粒沸石，装配好蒸馏装置。开始时火焰调大一些，并注意观察蒸馏烧瓶里的现象和温度的变化。当瓶内液体开始沸腾时，温度计读数会急剧上升，这时适当调小火焰，使温度略微下降，让水银球上的液滴和蒸气达到平衡。然后稍加大火焰进行蒸馏，火焰的大小调节到液滴流出的速度以每秒 1～2 滴为宜。用锥形瓶承接前馏分。当温度上升到 77℃时，换一个干燥洁净的锥形瓶，收集 77～79℃的馏分（乙醇）。当瓶内只剩下少量液体时，若维持原来的加热情形，温度计的读数会突然下降，这时就要停止蒸馏。

说明：一般初馏分里的乙醇含量较高，以后馏分中乙醇含量逐渐降低。要提高这部分馏分中乙醇的含量，必须再次蒸馏。但是，只靠重新蒸馏来提高乙醇的含量，收效比较小。即使用分馏设备进行分馏，得到的也只有 95％左右的乙醇。要得到无水乙醇，必须另用脱水方法。常用的脱水剂是无水硫酸铜、无水碳酸钾等，用量根据含水量多少而定。操作时先加入脱水剂。充分振荡或搅拌，使其溶解，静置后上层为乙醇层，下层为脱水剂层，用分液漏斗分出上层乙醇液，即为含量较高的乙醇。已溶解的脱水剂通过结晶、烘干、脱水后可再次使用。另外，加入生石灰作为脱水剂，再次蒸馏也能得到浓度较高的乙醇液。

思考题

1. 合成中产生的废液如何处理？

2. 试述二苯羟乙酸重排的反应机理？

3. 如何计算收率？

4. 联苯甲酰的结构是什么？

5. 为何不利用第二步反应中已生成的苯妥英钠，直接与硫酸锌反应制备苯？

6. 制备苯妥英时，乙醇的作用是什么？为何不在反应完成后加？

7. 制备苯妥英时，为何要调 pH 值为 6？

8. 用安息香制备二苯乙二酮时，加水的目的是什么？

9. 三氯化铁催化安息香氧化的机理是什么？安息香氧化成时，还可以用什么？

模块二

企/业/真/实/项/目

项目十三　降低丙烯酸酯乳液中
残留单体的研究

⤷ 知识目标

1. 了解精细化工实验室的安全知识及事故处理方法。
2. 能识别实验室中常用仪器及各个原料的性质。
3. 了解丙烯酸酯乳液的配方。
4. 掌握乳化剂的使用方法。

⤷ 技能目标

1. 会检索相关资料。
2. 会制定操作方案。
3. 能进行合成装置的搭设。
4. 能制定合理的方案并制备丙烯酸酯乳液。
5. 能按照规范填写实验记录和产品报告。

⤷ 项目背景

本项目来自某公司高分子研究所。该高分子研究所目前主要研究聚丙烯酸酯类涂层，自2007年以来，已经有多个涂层产品成功投入生产，并产生了巨大的经济效益，2010年的涂层产品销售额达2亿。

纺织涂层整理剂又称涂层胶，是一种均匀涂布于织物表面的高分子类化合物。它通过黏合作用在织物表面形成一层或多层薄膜，不仅能改善织物的外观和风格，而且能增加织物的功能，使织物具有防水、耐水压、通气透湿、阻燃防污以及遮光反射等特殊功能。

⤷ 项目分析

残余单体指未参加聚合反应的单体，在产品中依然以双键的形式存在。残余单体对产品有很大的负面影响，残余单体含量过高会使产品存在异味，并影响产品性能，对人体也有一定的危害，所以欧盟等国对纺织面料上的残余单体有很高的要求。

该项目降低残余单体的研究主要从以下几个方面着手。

一、丙烯腈的用量

残余单体中大部分可能是丙烯腈。在不影响乳液性能的前提下，降低丙烯腈用量可以降低残余单体含量。

二、过硫酸铵和G-241水溶液投料方式

一次性加入引发剂和缓慢滴加引发剂对残余单体含量也有很大的影响。后处理中，通过

改变投料方式也可以降低残余单体。

三、亲油性的引发剂

G-241 是亲油性的引发剂,可以进入乳液的液滴中,消除未反应单体。通过寻找亲油性更强的引发剂,也可以降低残余单体含量。

 **任务实施**　降低丙烯酸酯乳液中残留单体

任务 一　改变丙烯腈的用量降低残余单体

一、项目配方

组分 1:乳化单体

去离子水	160kg
N-45(乳化剂)	0.2kg
3503/A102(乳化剂)	5.2kg
丙烯酸丁酯(BA)	300kg
丙烯酸乙酯(EA)	75kg
丙烯腈(AN)	45kg
丙烯酸甲酯(MA)	6kg
丙烯酸(AA)	4.5kg
甲基丙烯酰胺(MAM)	18kg

组分 2:反应釜水

去离子水	170kg
N-45	0.15kg
3503/A102	1.4kg

组分 3:最初引发剂

过硫酸铵	1.35kg
去离子水	5kg

组分 4:滴加引发剂

过硫酸铵	1.1kg
去离子水	40kg

组分 5:后处理 (85℃)

过硫酸铵	0.45kg
去离子水	5kg

组分 6:后处理氧化剂 (55℃)

叔丁基过氧化氢 G-241	0.45kg
去离子水	15kg

组分 7:后消除还原剂

FF6M	0.225kg
去离子水	15kg

组分 8:中和剂

氨水	2.5kg
去离子水	5kg

二、预乳化组分 1

搭好装置，加入 N-45 0.1g、去离子水 80g、3503/A102 2.6g、MAM 9g 于烧杯中，磁力搅拌至全部溶解后投入四口烧杯。在另一个烧杯中加入 BA 150g，EA 37.5g，AN 22.5g，MA 3.0g，AA 2.25g。将混合后的单体慢慢加入四口烧瓶中，边快速搅拌边加单体直至得到均匀的白色乳状液。如不能得到均匀的乳状液，可用高速分散机乳化。

三、滴加单体及引发剂

在另一个四口烧瓶中，加入 0.075g N-45、0.7g A102 和 80g 去离子水的混合溶液（组分 2），水浴升温至 80℃。称取 13.5g 预乳化液加入此四口烧瓶中，同时加入 0.675g 过硫酸铵和 5g 水的混合溶液（组分 3），搅拌反应，保持反应温度 80℃。边搅拌边滴加 0.55g 过硫酸铵和 20g 水的混合溶液（组分 4，约 25s/滴）和剩余的预乳化液（0.5～1s/滴）。3.5～4h 全部滴加完毕。

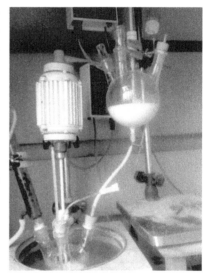

四、后处理

引发剂和预乳化液全部滴加完后，升温至 85℃，一次性加入 0.225g 过硫酸铵和 7.5g 水的混合溶液（组分 5）。反应 0.5h 后降温至 55℃，一次性加入后消除氧化剂 0.225g G-241 和 7.5g 去离子水的混合溶液（组分 6），过 15min 后再一次性加入 0.11g FF6M 和 7.5g 去离子水的混合溶液（组分 7）并反应 45min。

五、中和

加入 1.25g 氨水和 2.5g 去离子水混合液（组分 8），调整 pH。

图 13-1　常用的乳液聚合装置

六、装置图

如图 13-1 所示为常用的乳液聚合装置。

任务二　改变过硫酸铵和 G-241 投料方式

一、项目配方

组分 1：乳化单体

去离子水	160kg
N-45（乳化剂）	0.2kg
3503/A102（乳化剂）	5.2kg
丙烯酸丁酯（BA）	300kg
丙烯酸乙酯（EA）	75kg
丙烯腈（AN）	45kg
丙烯酸甲酯（MA）	6kg
丙烯酸（AA）	4.5kg

甲基丙烯酰胺（MAM）	18kg
组分 2：反应釜水	
去离子水	170kg
N-45	0.15kg
3503/A102	1.4kg
组分 3：最初引发剂	
过硫酸铵	1.35kg
去离子水	5kg
组分 4：滴加引发剂	
过硫酸铵	1.1kg
去离子水	40kg
组分 5：后处理（85℃）	
过硫酸铵	0.45kg
去离子水	5kg
组分 6：后处理氧化剂（55℃）	
叔丁基过氧化氢 G-241	0.45kg
去离子水	15kg
组分 7：后消除还原剂	
FF6M	0.225kg
去离子水	15kg
组分 8：中和剂	
氨水	2.5kg
去离子水	5kg

二、预乳化组分 1

搭好装置，加入 N-45 0.1g、去离子水 80g、3503/A102 2.6g、MAM 9g 于烧杯中，磁力搅拌至全部溶解后投入四口烧杯。在另一个烧杯中加入 BA 150g、EA 37.5g、AN 22.5g、MA 3.0g、AA 2.25g。将混合后的单体慢慢加入四口烧瓶中，边快速搅拌边加单体，直至得到均匀的白色乳状液。如不能得到均匀的乳状液，可用高速分散机乳化。

三、滴加单体及引发剂

在另一个四口烧瓶中加入 0.075g N-45、0.7g A102 和 80g 去离子水的混合溶液（组分 2），水浴升温至 80℃。称取 13.5g 预乳化液加入此四口烧瓶，同时加入 0.675g 过硫酸铵和 5g 水的混合溶液（组分 3），搅拌反应，保持反应温度为 80℃。边搅拌边滴加 0.55g 过硫酸铵和 20g 水的混合溶液（组分 4，25s/滴）和剩余的预乳化液（0.5～1s/滴），3.5～4h 全部滴加完毕。

四、后处理

引发剂和预乳化液全部滴加完后，升温至 85℃，一次性加入 0.225g 过硫酸铵和 7.5g 水的混合溶液（组分 5）。反应 0.5h 后降温至 55℃，一次性加入后消除氧化剂 0.225g G-241 和 7.5g 去离子水的混合溶液（组分 6），过 15min 后再一次性加入 0.11g FF6M 和 7.5g 去离子水的混合溶液（组分 7）并反应 45min。

五、中和

加入 1.25g 氨水和 2.5g 去离子水混合液（组分 8），调整 pH。

任务三　选择最佳亲油性引发剂

一、项目配方

组分1：乳化单体

去离子水	160kg
N-45（乳化剂）	0.2kg
3503/A102（乳化剂）	5.2kg
丙烯酸丁酯（BA）	300kg
丙烯酸乙酯（EA）	75kg
丙烯腈（AN）	45kg
丙烯酸甲酯（MA）	6kg
丙烯酸（AA）	4.5kg
甲基丙烯酰胺（MAM）	18kg

组分2：反应釜水

去离子水	170kg
N-45	0.15kg
3503/A102	1.4kg

组分3：最初引发剂

过硫酸铵	1.35kg
去离子水	5kg

组分4：滴加引发剂

过硫酸铵	1.1kg
去离子水	40kg

组分5：后处理（85℃）

过硫酸铵	0.45kg
去离子水	5kg

组分6：后处理氧化剂（55℃）

叔丁基过氧化氢 G-241	0.45kg
去离子水	15kg

组分7：后消除还原剂

FF6M	0.225kg
去离子水	15kg

组分8：中和剂

氨水	2.5kg
去离子水	5kg

二、预乳化组分1

搭好装置，加入 N-45 0.1g、去离子水 80g、3503/A102 2.6g、MAM 9g 于烧杯中，磁力搅拌至全部溶解后投入四口烧杯。在另一个烧杯中加入 BA 150g、EA 37.5g、AN 22.5g、MA 3.0g、AA 2.25g。将混合后的单体慢慢加入四口烧瓶中，边快速搅拌边加单体，直至得到均匀的白色乳状液。如不能得到均匀的乳状液，可用高速分散机乳化。

三、滴加单体及引发剂

在另一个四口烧瓶中加入 0.075g N-45、0.7g A102 和 80g 去离子水的混合溶液（组分2），水浴升温至 80℃。称取 13.5g 预乳化液加入此四口烧瓶中，同时加入 0.675g 过硫酸铵和 5g 水的混合溶液（组分3），搅拌反应，保持反应温度为 80℃。边搅拌边滴加 0.55g 过硫酸铵和 20g 水的混合溶液（组分4，25s/滴）和剩余的预乳化液（0.5～1s/滴），3.5～4h 全部滴加完毕。

四、后处理

引发剂和预乳化液全部滴加完后，升温至 85℃，一次性加入 0.225g 过硫酸铵和 7.5g 水的混合溶液（组分5）。反应 0.5h 后降温至 55℃，一次性加入后消除氧化剂 0.225g G-241 和 7.5g 去离子水的混合溶液（组分6），过 15min 后再一次性加入 0.11g FF6M 和 7.5g 去离子水的混合溶液（组分7）并反应 45min。

五、中和

加入 1.25g 氨水和 2.5g 去离子水混合液（组分8），调整 pH。

 知识链接　　**乳液理论**

一、乳液聚合

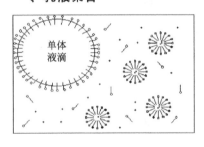

图 13-2　乳液聚合

乳液聚合是单体在乳化剂作用和机械搅拌下，在水中分散成乳液状态进行的聚合反应。

聚合过程是在形成胶束的水溶液中加入单体，极小部分单体以分子分散状态溶于水中，小部分单体可进入胶束的疏水层内，大部分单体经搅拌形成细小的液滴，如图 13-2 所示。乳液聚合的聚合场所在胶束内，胶束中的单体逐渐聚合成为高分子化合物，脱离胶束形成分散于水中的高聚物液滴。

二、乳状液

1. 概述

乳状液在日常生活中广泛存在，牛奶就是一种常见的乳状液。乳状液是指一种液体分散在另一种与它不相混溶的液体中形成的多相分散体系。乳状液属于粗分散体系，液珠直径一般大于 0.1μm。由于体系呈现乳白色而被称为乳状液。乳状液中以液珠形式存在的相称为分散相（或称内相、不连续相）。另一相是连续的，称为分散介质（或称外相、连续相）。通常，乳状液有一相是水或水溶液，称为水相；另一相是与水不相混溶的有机相，称为油相。乳状液分为以下几类。

① 水包油型，以 O/W 表示，内相为油，外相为水，如牛奶等。

② 油包水型，以 W/O 表示，内相为水，外相为油，如原油等。

③ 多重乳状液，以 W/O/W 或 O/W/O 表示。

W/O/W 型是含有分散水珠的油相悬浮于水相中；O/W/O 型是含有分散油珠的水相悬浮于油相中，如图 13-3 所示。

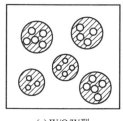
(a) W/O/W型

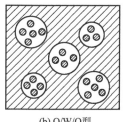
(b) O/W/O型

图 13-3　多重乳状液

　　两种不相溶的液体无法形成乳状液。比如，纯净的油和水放在一起搅拌时，可以用强力使一相分散在另一相中，但由于相界面面积的增加，体系不稳定，一旦停止搅拌，很快又分成两个不相混溶的相，以使相界面达到最小。在上述两相体系中加入第三组分，该组分易在两相界面上吸附、富集，形成稳定的吸附层，使分散体系的不稳定性降低，形成具有一定稳定性的乳状液。加入的第三组分就是乳化剂。能使油水两相发生乳化，形成稳定乳状液的物质就叫乳化剂。它主要是表面活性剂，也有高分子物质或固体粉末。

　　2. 乳状液的物理性质

　　（1）液珠大小与光学性质　乳状液常为乳白色不透明液体，它的这种外观与分散相液珠大小有直接关系。

　　（2）乳状液的黏度　乳状液是一种流体，所以黏度（流动性质）是它的一个重要性质。当分散相浓度不大时，乳状液的黏度主要由分散介质决定，分散介质的黏度越大，乳状液的黏度越大。另外，不同的乳化剂形成的界面膜有不同的界面流动性，乳化剂对黏度也有较大影响。

　　（3）乳状液的电性质　乳状液的电导率主要由分散介质决定。因此，O/W 型乳状液的电导率好于 W/O 型乳状液。这一性质常被用于鉴别乳状液的类型，研究乳状液的变形过程。乳状液的另一个电性质是分散相液珠的电泳。通过对液珠在电场中电泳速度的测量，可以提供与乳状液稳定性密切相关的液珠带电情况，是研究乳状液稳定性的一个重要方面。

　　3. 乳状液的稳定性

　　乳状液是否稳定，与液滴间的聚结密切相关，而只有界面膜破坏或破裂，液滴才能聚结。这与影响泡沫稳定的主要因素——表面膜强度非常相似。以下主要从体系的界面性质，来讨论影响乳状液稳定的因素。

　　（1）界面张力　乳状液中，一种液体高度分散于另一种与其不相混溶的液体中，这就极大增加了体系的界面，也就是要对体系做功，增加体系的总能量。这部分能量以界面能的形式保存于体系中，这是一种非自发过程。为了降低体系的能量，液滴间有自发聚结的趋势，这样可以使体系界面积减少，这个过程是自发过程。因此，乳状液是一种热力学不稳定体系。低的油-水界面张力有助于体系的稳定，通常的办法是加入表面活性剂，以降低体系界面张力。例如，煤油与水之间的界面张力是 $35\sim40\text{mN/m}$，加入适量表面活性剂后，可以降低到 1mN/m，甚至 10^{-3}mN/m 以下。这时，油分散在水中或水分散在油中就容易得多。界面张力的高低，表明乳状液形成的难易。加入表面活性剂，体系界面张力下降，是形成乳状液的必要条件，但不是乳状液稳定性高低的衡量标志。对于乳状液，总存在着相当大的界面，有一定的界面自由能，这样的体系总是力图减少界面面积，以使能量降低，最终发生破乳、分层。

（2）界面膜的性质　在油水体系中加入乳化剂后，由于乳化剂的两亲分子结构，它必然要吸附在油水界面上，亲水基伸入水中，亲油基伸入油中，定向排列在油水界面上，形成界面膜。界面膜具有一定的强度，对乳状液中分散的液滴有保护作用，对乳状液的稳定性起着重要作用。当表面活性剂浓度较低时，界面膜强度较差，形成的乳状液不稳定。表面活性剂增加到一定浓度，能够形成致密的界面膜，膜的强度增大，液珠聚结时受到的阻力增大，这时的乳状液稳定性较好。表面活性剂分子的结构对膜的致密性也有一定影响，直链型在界面上的排列较支链型紧密，形成的膜强度更大。

实验证明，单一纯净的表面活性剂形成的界面膜强度不高。混合表面活性剂或加入杂质的表面活性剂，界面分子吸附紧密，形成的膜强度大为提高。例如，纯净的 $C_{12}H_{25}SO_4Na$ 只能将其水溶液的表面张力降低至 38mN/m，加入少量 $C_{12}H_{25}OH$ 后，会在界面上形成混合膜，界面张力降低至 22mN/m，并且发现此混合物溶液的表面黏度增加，表明表面膜的强度增加。类似的例子还有十六烷基硫酸钠与胆甾醇，脂肪酸盐与脂肪酸，脂肪胺与季铵盐，十二烷基硫酸钠与月桂醇等，组成混合乳化剂，它们都可制得较稳定的乳化剂。混合乳化剂的特点是，组成中有一部分为表面活性剂（水溶性），另一部分为极性有机物（油溶性），其极性基一般为—OH、—NH_2、—COOH 等易于形成氢键的基团。

（3）分散介质的黏度　乳状液分散介质的黏度越大，分散相液滴运动速度越慢，越有利于乳状液的稳定。因此，许多能溶于分散介质中的高分子物质常用来做增稠剂，以提高乳状液的稳定性。同时，高分子物质（如蛋白质）还能形成较坚固的界面膜，增加乳状液的稳定性。

上面讨论了一些与乳状液稳定性有关的因素。乳状液是一个复杂的体系，在不同的乳状液中，各种影响因素起着不同的作用。在各种因素中，界面膜的形成与膜强度是影响乳状液稳定性的主要因素。对于表面活性剂作为乳化剂的体系，界面张力与界面膜性质有直接关系。随着界面张力的降低，界面吸附更多，膜强度增加，有利于乳状液的形成和稳定。

4. 乳状液的 HLB、PIT 理论及其应用

（1）乳状液的 HLB 理论　HLB 可用于衡量乳化剂的乳化效果，是选择乳化剂的一个经验指标。HLB 指表面活性剂分子中亲水基部分与疏水基部分的比值，也称为亲水亲油平衡值。

$$HLB = \frac{亲水基值}{亲油基值}$$

HLB 将表面活性剂结构与乳化效率之间的关系定量地表示出来。这种数值主要来自经验值，虽然有时会有偏差，但仍有其实用价值。HLB 数值在 0～40 之间。HLB 值越高，表面活性剂亲水性越强；HLB 值越低，表面活性剂亲油性越强。一般而言，HLB<8，大都是 W/O 型乳状液的乳化剂；HLB>10，则为 O/W 型乳状液的乳化剂。表 13-1 为 HLB 值的大致应用范围。

表 13-1　HLB 值的大致应用范围

HLB 值	应用	HLB 值	应用
1～3	洗涤剂	8～13	润湿剂
3～6	消泡剂	13～15	O/W 型乳状液
7～9	W/O 型乳状液	15～18	加溶剂

对于大多数多元醇脂肪酸酯，HLB 值计算如下。

$$HLB=20\left(1-\frac{S}{A}\right)\tag{13-1}$$

式中　S——酯的皂化值；

　　　A——脂肪酸的酸值。

例如，甘油单硬脂酸酯的 $S=161$，$A=198$，则 HLB$=3.8$。

对于皂化值不易得到的产品，如含聚氧乙烯和多元醇的非离子表面活性剂，则可用下式计算。

$$HLB=\frac{E+P}{5}\tag{13-2}$$

式中　E——聚氧乙烯的质量分数；

　　　P——多元醇的质量分数。

如果亲水基中只有聚氧乙烯而无多元醇，则 HLB 值计算如下。

$$HLB=\frac{E}{5}\tag{13-3}$$

对于一些结构复杂、含有其他元素（如氮、硫、磷等）的非离子或离子表面活性剂，以上公式不能运用。Davies 将 HLB 值作为结构因子的总和来处理，把表面活性剂结构分解为一些基团，每个基团对 HLB 值均有确定的贡献。从实验结果得出各种基团的 HLB 值，称为 HLB 基团数，亲水基的基团数为正，疏水基的基团数为负，见表 13-2。整个分子的 HLB 值用基团数加和法计算：

$$HLB=7+\sum 各个基团的基团数\tag{13-4}$$

一些 HLB 基团数列于表 13-2 中。

例如，太古油的化学结构式为：

$$CH_3(CH_2)_5\underset{\underset{OSO_3Na}{|}}{CH}CH_2CH=CH(CH_2)_7COOH$$

$$HLB=7+(11+1.3+2.1)-17\times 0.475=13.3$$

表 13-2　HLB 基团数

基团	HLB 基团数	基团	HLB 基团数
—SO$_4$Na	38.7	￤C$_2$H$_4$O￥	0.33
—COOK	21.11	—OH（失水三梨醇环）	0.5
—COONa	9.1	￤C$_3$H$_6$O￥	−0.15
—SO$_3$Na	11	—CH—	−0.475
—N（叔胺）	9.4	—CH$_2$—	−0.475
酯（失水三梨醇环）	6.8	—CH$_3$	−0.475
酯（自由）	2.4	=CH—	−0.475
—COOH	2.1	—CF$_2$—	−0.870
—OH（自由）	1.9	—CF$_3$	−0.870
—O—	1.3		

如果是混合表面活性剂，其 HLB 值可用加权平均法求得：

$$HLB(混合) = f_A \times HLB_A + (1 - f_A) \times HLB_B \qquad (13\text{-}5)$$

式中，f_A 为表面活性剂 A 在混合物中的质量分数，这种关系只能用于 A、B 表面活性剂无相互作用的场合。

计算出表面活性剂的 HLB 值后，还需要确定油水体系的最佳 HLB 值，这样才能选出适合给定体系的乳化剂。

首先选择一对 HLB 值相差较大的乳化剂，例如，斯盘-60(HLB＝4.3)和吐温-80(HLB＝15)，利用表面活性剂 HLB 值的加和性，按不同比例配制成一系列具有不同 HLB 值的混合乳化剂，用这一系列乳化剂分别将指定的油水体系制备成一系列乳状液，测定各个乳状液的乳化效果，可得到图 13-4 中的钟形曲线，圆圈代表各个不同 HLB 值的混合乳化剂，乳化效果可以用乳状液的稳定时间来表示，如图 13-4 所示，乳化效果的最高峰在 HLB 值为 10.5 处。10.5 即为此指定油水体系的最佳 HLB 值。

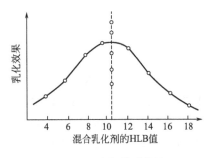

图 13-4　乳化钟形曲线

上述最佳 HLB 值虽然是由一对乳化剂评价得到的，但它是此油水体系的特性，因此也适用于其他乳化剂。因此可以在最佳 HLB 值下，改变乳化剂，直至找到效果最好的乳化剂。

（2）乳状液的 PIT 理论　PIT 理论是选择乳状液所用乳化剂的又一种方法。HLB 方法没有考虑到因温度变化而导致 HLB 的改变。温度对非离子型表面活性剂亲水亲油性的影响是很重要的。以聚氧乙烯醚和羟基作为亲水基的表面活性剂，在低温时，由于醚键与水形成氢键而具有亲水性，可形成 O/W 型乳状液。当温度升高时，氢键逐渐被破坏，亲水性下降，特别是在其"浊点"附近，非离子表面活性剂就由亲水变为亲油，HLB 值降低，形成 W/O 型乳状液。应用 PIT 法可将温度影响考虑在内。PIT 指乳状液发生转相的温度，即表面活性剂的亲水亲油性质达到适当平衡的温度，称为相转变温度，简写为 PIT。

PIT 的确定方法如下：将等量的油、水和 3%～5% 的表面活性剂制成 O/W 型乳状液，加热、搅拌，在此期间可采用稀释法、染色法或电导法来检查乳状液是否转相。当乳状液由 O/W 型变为 W/O 型时的温度，就是此体系的相转变温度。

实验中发现，在 PIT 附近制备的乳状液有很小的颗粒，这些颗粒不稳定、易聚结。要得到分散度高而且稳定性好的乳状液，对于 O/W 型乳状液，要在低于 PIT 2～4℃的温度下配制，然后冷却至保存温度。这样才能得到稳定的乳状液。对于 W/O 型乳状液，配制温度应高于 PIT 2～4℃，然后再升温至保存温度。

PIT 与 HLB 有近似直线的关系，HLB 值越大，则亲水性越强，即转变为亲油性表面活性剂的温度越高，PIT 越高，配制的 O/W 型乳状液稳定性也高。

5. 乳状液的制备

乳状液的制备是将一种液体以液珠的形式分散到另一种与其不相溶的液体中。因此在制备过程中会产生巨大的相界面，体系界面能大大增加，而这些能量需要外界提供。为了制备稳定性好的乳状液，需要采取适当的乳化方法和乳化设备。

按照不同的加料方式，常用的乳化方法有以下几种。

（1）乳化剂在水中法　将乳化剂直接溶于水中，在激烈搅拌下将油加入。此法可直接生产 O/W 型乳状液。若继续加油，体系会发生变型，得到 W/O 型乳状液。此法常用于亲水性强的乳化剂，直接制成 O/W 型乳状液比较合适。制得的乳状液颗粒大小不均，稳定性较差。为改善它的性能，常将制得的乳状液用胶体磨或均化器进行处理。

（2）乳化剂在油中法（转相乳化法）　将乳化剂加入油相，在激烈搅拌下加入水，水以细小的水珠分散在油中，形成 W/O 型乳状液。继续加水至体系发生变型，油由外相转至内相，得到 O/W 型乳状液。此法得到的乳状液颗粒均匀，稳定性好。

（3）瞬间成皂法　用皂作乳化剂的乳状液可用此法制备。将脂肪酸溶于油中，碱溶于水中，然后在剧烈搅拌下将两相混合，界面上瞬间生成了脂肪酸盐，得到乳状液。此法较简单，乳状液稳定性也很好。

（4）混合膜生成法　使用混合乳化剂，一个亲水，另一个亲油，将亲水乳化剂溶于水中，亲油乳化剂溶于油中。在剧烈搅拌下，将油水混合，两种乳化剂在界面上形成混合膜。混合乳化剂如十二烷基硫酸钠与十二醇、十六烷基硫酸钠与十六醇（或胆甾醇）等，此法制得的乳状液很稳定。

（5）轮流加液法　将水和油轮流加入乳化剂，每次只加少量。对于制备食品乳状液如蛋黄酱或其他含菜油的乳状液，此法特别适宜。

在制备乳状液时，需要一定的乳化设备，以便对被乳化的体系施以机械力，使其中的一种液体分散在另一种液体中。常用的乳化设备有搅拌器、胶体磨、均化器和超声波乳化器。其中，搅拌器设备简单，操作方便，适用于多种体系，但只能生产较粗的乳状液。胶体磨和均化器制备的乳状液液珠细小，分散度高，乳状液的稳定性好。超声波乳化器一般都在实验室使用，在工业上使用成本太高。

6. 乳状液的破乳

常用的破乳方法如下。

（1）物理法破乳　常用的有电沉降、超声、过滤、加热等方法。电沉降法主要用于 W/O 型乳状液，如原油的破乳。电沉降法是在高压静电场（电压约数十千伏）的作用下，使作为内相的水珠聚结；超声法既可用于形成乳状液，也可用于破乳，使用强度不大的超声波，会发生破乳；过滤法是将乳状液通过多孔性材料过滤，滤板将界面膜刺破，使乳状液内相聚结而破乳；加热法是简便易行的破乳法，提高温度，分子热运动加剧，有利于液珠的聚结，同时，提高温度会使体系黏度降低，从而降低了乳状液的稳定性，易发生破乳。

（2）化学法破乳　主要是改变乳状液的界面膜性质，设法降低界面膜强度或破坏界面膜，达到破乳的目的。例如，对于用皂作乳化剂的乳状液，加入无机酸会使脂肪酸皂变成游离脂肪酸而失去乳化作用，发生破乳。乳状液中加入使乳化剂亲水亲油性发生变化的试剂，也可发生破乳。例如，在脂肪酸钠作乳化剂的乳状液中加入少量高价金属盐，如 Ca、Mg、Al 盐，会使原来亲水的脂肪酸钠变为亲油的脂肪酸 Ca、Mg、Al 盐，而使乳化剂破乳。

思考题

1. 乳状液的破乳有哪几种方法？

2. 乳状液的制备有哪几种方法？

3. PIT 理论的概念是什么？

4. 影响乳状液的稳定性的因素有哪些？

5. 乳状液分哪几种？

6. 什么是乳液聚合？

项目十四　丙烯酸酯乳液中残留单体的测定

知识目标

1. 了解精细化工实验室的安全知识及事故处理方法。
2. 能识别实验室常用仪器及各种原料的性质。
3. 了解丙烯酸酯乳液的配方。
4. 掌握残留单体测定的原理。

技能目标

1. 会检索相关资料。
2. 会制定操作方案。
3. 能规范进行溶液的配制。
4. 能制定合理的方案，进行残留单体测定。
5. 能按照规范填写实验记录和产品报告。

项目背景

本项目来自企业，该企业主要研究聚丙烯酸酯类涂层，自 2007 年以来，已经有多个涂层产品成功投入生产，并产生了巨大的经济效益，2010 年的涂层产品销售额达 2 亿元。

纺织涂层整理剂又称涂层胶，是一种均匀涂布于织物表面的高分子类化合物。它通过黏合作用在织物表面形成一层或多层薄膜，不仅能改善织物的外观和风格，而且能增加织物的功能，使织物具有防水、耐水压，通气透湿，阻燃防污以及遮光反射等特殊功能。

项目分析

残余单体指未参加聚合反应的单体，在产品中依然以双键的形式存在。残余单体对产品有很大的负面影响，残余单体含量过高会使产品存在异味，并影响产品性能，对人体也有一定的危害。所以欧盟等国家对纺织面料上的残余单体有很高的要求。

任务实施　涂层剂产品残留单体测试

一、试剂和溶液

① 0.05mol/L 溴酸钾-溴化钾溶液　称取 12.5g 溴化钾和 1.5g 溴酸钾于 200mL 烧杯中，加适量水溶液并移入 1000mL 容量瓶中，用蒸馏水稀释至刻度，摇匀。

② 5％十二烷基硫酸钠溶液　称取 5g 十二烷基硫酸钠溶于 100mL 中，稍加热使其充分溶解。

③ 10％碘化钾溶液　5g 碘化钾固体溶于 50mL 水中。

④ 1：1 盐酸溶液　取 50mL 蒸馏水和 50mL 盐酸充分混合即可。

⑤ 1％淀粉溶液　称取 0.5g 淀粉于 5mL 水中，搅拌成糊状，将 50mL 沸水加入，继续煮沸 1～2min。

⑥ 0.1mol/L 硫代硫酸钠标准溶液。

二、仪器

① 250mL 碘量瓶。

② 25mL 移液管。

③ 碱式滴定管。

④ 分析天平（万分之一）等常规分析仪器。

三、分析步骤

称取 0.4～0.6g 样品（准确至 0.0002g）于已装有 60mL 5％十二烷基硫酸钠溶液的 250mL 碘量瓶中，摇匀，用移液管加入 25mL 0.05mol/L 溴酸钾-溴化钾溶液，沿瓶壁慢慢加入 10mL 1：1 盐酸溶液，将瓶塞塞紧，摇匀，加碘化钾溶液封口。放置暗处 30min，加 10％碘化钾溶液 10mL，立即用 0.1mol/L 硫代硫酸钠溶液滴定，将近终点时再加入淀粉指示剂 2mL，然后继续滴定至蓝色完全消失为终点（如样品在滴定过程中有 I_2 析出，再补加 10mL 四氯化碳）。同时做一空白的实验。

四、分析结果计算

$$残留单体（\%）=(V_0-V)c \times 0.0799/m \times 100 \qquad (14-1)$$

式中　V——样品消耗 $Na_2S_2O_3$ 标准溶液的体积，mL；

　　　V_0——空白实验消耗 $Na_2S_2O_3$ 标准溶液的体积，mL；

　　　c——$Na_2S_2O_3$ 标准溶液的摩尔浓度，mol/L；

　　　m——样品的质量，g；

　0.0799——每摩尔溴的质量，g。

五、允许差

取两次平行测定的算术平均值作为分析结果，两次平行测定结果之差不大于 0.3％。

 **知识链接**　　0.1mol/L 硫代硫酸钠标准溶液的配制与标定

一、配制

溶解 25g 硫代硫酸钠在 500mL 新煮沸并冷却的水中，加 0.11g 碳酸钠，用新煮沸并冷却的水稀释至 1L，静置 24h，溶液储存在密闭的玻璃瓶中。

二、标定

1. 淀粉指示液（10g/L）

称取(0.21±0.01)g 经 120℃ 干燥 4h 的基准重铬酸钾到 250mL 具玻璃塞的锥形瓶中，加 100mL 水溶解，拿去塞子，快速加入 3g 碘化钾、2g 碳酸氢钠和 5mL 盐酸，立即塞好塞子，充分混匀，在暗处静置 10min。用水洗涤塞子和锥形瓶壁，用硫代硫酸钠溶液滴定至溶液呈黄绿色。加 2mL 淀粉指示液，继续滴定至蓝色消失，出现亮绿色为止。

2. 1g 可溶性淀粉与 5mg 红色碘化汞混合

用足够冷的水调成稀薄的糊状，在不断搅拌下，慢慢注入 100mL 沸水中，煮沸混合物，

充分搅拌至稀薄透明的流动形式，冷却后使用。

3. 将 1g 可溶性淀粉与 5mL 水制成糊状

搅拌下将糊状物加入 100mL 水中，煮沸几分钟后冷却，使用期限两周。溶液中加入几滴甲醛溶液，使用期限可延长数月。

三、计算

硫代硫酸钠标准滴定溶液浓度按式（14-2）计算。

$$c(\mathrm{Na_2S_2O_3}) = \frac{m}{0.04903V} \tag{14-2}$$

式中　$c(\mathrm{Na_2S_2O_3})$——硫代硫酸钠标准滴定溶液的物质的量浓度，mol/L；

　　　　m——称取重铬酸钾的质量，g；

　　　　V——滴定用去硫代硫酸钠溶液的实际体积，mL；

　　0.04903——与 1.00mL 硫代硫酸钠标准滴定溶液 $[c(\mathrm{Na_2S_2O_3}) = 1.000\mathrm{mol/L}]$ 相当的以克表示的重铬酸钾的质量。

四、精密度

做五次平行测定，取平行测定的算术平均值为测定结果；五次平行测定的极差，应小于 0.00040mol/L。

五、稳定性

滴定溶液每月重新标定一次。

思考题

1. 丙烯酸酯乳液中残留单体的测定原理是什么？
2. 平行测定的目的是什么？
3. 测定过程中为何要加碘化钾溶液封口并放置暗处 30min？
4. 补加 10mL 四氯化碳的作用是什么？
5. 为何将可溶性淀粉与红色碘化汞混合？

项目十五 山梨醇中还原糖的测定

知识目标

1. 了解精细化工实验室的安全知识及事故处理方法。
2. 能识别实验室常用仪器及各种原料的性质。
3. 掌握山梨醇中还原糖的测定的原理。

技能目标

1. 会检索相关资料。
2. 会制定操作方案。
3. 能规范进行溶液的配制。
4. 能制定合理的方案进行山梨醇中还原糖的测定。
5. 能按照规范填写实验记录和产品报告。

项目背景

药品名：山梨醇。

类别：利尿脱水药。

英文名：Sorbitolum。

EINECS 号：200-061-5。

别名：D-G1ucitol、Sorbol、Diakarmon、Nivitin。

分子式：$C_6H_{14}O_6$。

密度：1.28g/mL（25℃）。

熔点：98～100℃。

性状：为白色结晶性粉末，结构如图 15-1 所示。无臭，味略甜；微有引湿性。易溶于水，溶于乙醇。5.48％水溶液为等渗溶液。

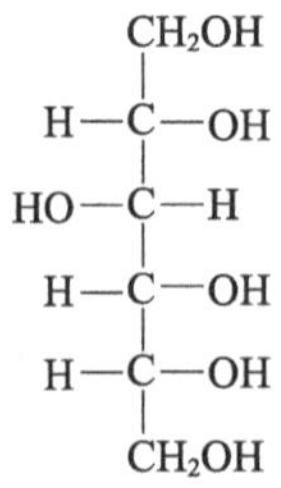

$$
\begin{array}{c}
\text{CH}_2\text{OH} \\
\text{H——C——OH} \\
\text{HO——C——H} \\
\text{H——C——OH} \\
\text{H——C——OH} \\
\text{CH}_2\text{OH}
\end{array}
$$

图 15-1 山梨醇的结构式

山梨醇分为 VC 级、日化级、食品级，它是一种用途广泛的化工原料，在食品、日化、医药等行业都有极为广泛的应用，可作为甜味剂、保湿剂、赋形剂、防腐剂等使用，同时具有多元醇的营养优势，即低热值、低糖、防龋齿等功效。

山梨糖醇具有吸湿性，故在食品中加入山梨糖醇可以防止食品的干裂，使食品保持新鲜柔软。在面包蛋糕中使用，有明显的效果。

山梨糖醇甜度低于蔗糖，且不被某些细菌利用，是生产低甜度糖果和点心的好原料，也是生产无糖糖果的重要原料，可加工成各种防龋齿的食品。

山梨糖醇不含醛基，不易被氧化，在加热时不和氨基酸产生美拉德反应。有一定的生理活性，能防止类胡萝卜素和食用脂肪及蛋白质的变性，在浓缩牛乳中加入山梨糖醇可延长保质期，能改善小肠的色、香、味，对鱼肉酱有明显的稳定和长期保存的作用。在果酱蜜饯中也有同样作用。

山梨糖醇代谢不引起血糖升高，可以作为糖尿病人食品的甜味剂和营养剂。

山梨醇在牙膏中作为赋形剂、保湿剂、防冻剂，加入量可达 25％～30％，可保持膏体润滑，色泽、口感好；在化妆品中作为防干剂（代替甘油，故又称"代甘油"），可增强乳化剂的伸展性和润滑性，适用长期储存；山梨醇酐脂肪酸酯及其环氧乙烷加成物具有对皮肤刺激性小的优点，在化妆品行业中广泛应用。

山梨醇可用于斯盘、吐温等表面活性剂的生产、聚醚生产、塑料助剂生产等。

▷▷ 项目分析

山梨醇含多糖醇、麦芽三糖醇、麦芽糖醇、甘露糖醇、山梨糖醇，其高效液相色谱图如图 15-2 所示。其中麦芽糖醇等还原糖可被氧化剂氧化，当山梨醇作为原料使用在乳液合成中时，会影响过氧化物的氧化效率，从而导致乳液质量的下降。检测出其中还原糖的含量，对选择质量较好的山梨醇是至关重要的。

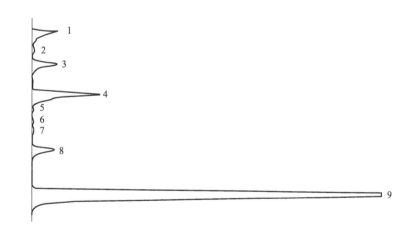

图 15-2　山梨糖醇典型高效液相色谱图

1，2—多糖醇；3—麦芽三糖醇；4—麦芽糖醇；5～7—未知峰；8—甘露糖醇；9—山梨糖醇

 任务实施

一、方法提要

在一定温度、时间和浓度条件下加热，样品中的还原糖被过量的费林溶液氧化，反应生

成氧化亚铜沉淀，氧化亚铜将硫酸铁还原为硫酸亚铁，用高锰酸钾标准滴定溶液滴定生成的硫酸亚铁。根据高锰酸钾标准滴定溶液的消耗量，查阅锰酸钾法测定葡萄糖含量的氧化亚铜-葡萄糖换算表得到葡萄糖质量，经计算，得出还原糖（以葡萄糖计）的含量。

二、试剂

① 费林溶液。

② 硫酸铁溶液：50g/L。称取 50g 硫酸铁，加入 20mL 水溶解后，慢慢加入 100mL 硫酸，搅拌冷却后加水稀释至 1000mL。

③ 高锰酸钾标准滴定溶液：$c(1/5KMnO_4)=0.1000mol/L$。

三、仪器

砂芯坩埚：滤板孔径 5～15pm。

四、分析步骤

① 称取 25～50g 实验室样品（根据含还原糖的量确定称样量），精确至 0.0002g，置于盛有约 5mL 水的 250mL 锥形瓶中，混匀。

② 加 40mL 费林溶液及几颗玻璃珠，充分摇匀。置于电炉上加热，控制在 4min 内沸腾，继续煮沸 3min，快速冷却至室温，立即用砂芯坩埚进行减压抽滤，用温水反复洗涤烧杯及沉淀使滤液清亮，直至滤液不呈碱性，弃去滤液，洗净抽滤瓶。在砂芯坩埚中分三次加 60mL 硫酸铁溶液，使氧化亚铜沉淀充分溶解，抽滤，用水洗涤砂芯坩埚数次，收集滤液。用高锰酸钾标准滴定溶液滴定滤液，至微红色为终点。

③ 记录消耗高锰酸钾标准滴定溶液的体积 V。

五、结果计算

1. 高锰酸钾标准滴定溶液体积的换算

高锰酸钾标准滴定溶液 $[c(1/5KMnO_4)=0.1000mol/L]$ 的体积 V，数值以毫升表示，按式（15-1）计算。

$$V=\frac{V_0 c_1}{0.1000} \tag{15-1}$$

式中　V_0——高锰酸钾标准滴定溶液的体积，mL；

$\quad c_1$——高锰酸钾标准滴定溶液浓度的准确数值，mol/L；

$\quad 0.1000$——$c(1/5KMnO_4)=0.1000mol/L$ 的高锰酸钾标准滴定溶液浓度的数值，mol/L。

2. 还原糖（以葡萄糖计）含量的计算

还原糖（以葡萄糖计）的质量分数，数值以％表示，按式（15-2）计算。

$$w_3=\frac{m_1}{m\times1000}\times100\% \tag{15-2}$$

式中　m_1——根据式(15-1)得到的葡萄糖的质量，mg；

$\quad m$——试料的质量，g。

取两次平行测定结果的算术平均值为测定结果，两次平行测定结果的绝对差值不大于 0.008％。

 **知识链接**　**食品添加剂——山梨糖醇液国家标准**

一、技术要求

表 15-1 为山梨糖醇液的技术指标

表 15-1　山梨糖醇液技术指标

项目		指标
固形物的质量分数/%		69.0～71.0
山梨糖醇的质量分数/%	≥	50.0
pH 值(样品：水＝1：1)		5.0～7.5
相对密度		1.285～1.315
还原糖(以葡萄糖计)的质量分数/%≤		0.21
总糖(以葡萄糖计)的质量分数/%	≤	8.0
砷(As)的质量分数/%	≤	0.0002
铅(Pb)的质量分数/%	≤	0.0001
重金属(以 Pb 计)的质量分数/%	≤	0.0005
氯化物(以 Cl 计)的质量分数/%	≤	0.001
硫酸盐(以 SO_4 计)的质量分数/%	≤	0.005
镍(Ni)的质量分数/%	≤	0.0002
灼烧残渣的质量分数/%	≤	0.10

二、试验方法

1. 鉴别试验

(1) 试剂　硫酸。硫酸亚铁溶液：80g/L；氢氧化钠溶液：200g/L。邻苯二酚溶液：100g/L。

(2) 试验步骤　取约 1mL 实验室样品，加硫酸亚铁溶液 2mL 及氢氧化钠溶液 1mL，溶液应呈蓝绿色，不浑浊；取约 1mL 实验室样品，溶于 70mL 水中，取其 1mL 加邻苯二酚溶液 1mL，充分混合后，再加硫酸 2mL，溶液应呈红色。

2. 固形物含量的测定

(1) 方法提要　用规定的方法测定水分，用 10000 减去以质量分数表示的水分计算出固形物含量。

(2) 水分的测定

① 卡尔·费休法（仲裁法）　称取实验室样品约 0.1g，精确至 0.0002g 其他按 GB/T 6283 的规定进行。取两次平行测定结果的算术平均值为测定结果，两次平行测定结果的绝对差值不大于 0.2%。

② 重量法　称取约 1g 实验室样品，精确至 0.0002g，于 (130±2)℃干燥 4h。其他按 GB/T 6284 的规定进行。取两次平行测定结果的算术平均值为测定结果，两次平行测定结果的绝对差值不大于 0.2%。

(3) 结果计算　固形物含量的质量分数 w_1 按式(15-3) 计算：

$$w_1 = (100 - w_{水})\%$$ (15-3)

式中　$w_{水}$——以质量分数表示的水分的数值。

3. 山梨糖醇含量的测定

(1) 方法提要　用高效液相色谱法，在选定的工作条件下，以水作为流动相，通过色谱柱使样品溶液中各组分分离，用示差折光检测器进行检测，用外标法定量，计算样品中山梨糖醇的含量。

（2）试剂　水，GB/T 6682，二级，经过 $45\mu m$ 膜滤纸过滤并超纯脱气。山梨糖醇标准样品：山梨糖醇的质量分数为 98%。甘露糖醇。

（3）仪器　高效液相色谱系统（HPLC）。高压泵：无脉冲，能将流速保持在 $0.1\sim$ $10.0mL/min$。定量环：20UL。色谱柱：见表 15-2。示差折光检测器：500 X 10-DR（或具有相应灵敏度的示差折光检测器）。数据处理系统：具有 Millennium 32 分析处理软件或相应功能的色谱工作站或色谱数据处理机。抽滤系统使用孔径为 $0.45\mu m$ 的纤维素酯膜滤纸（用于流动相水的预处理）。过滤系统使用孔径为 $0.45\mu m$ 的纤维素酯膜滤纸（用于样品的预处理）。微量进样针需为 HPLC 专用，规格是 $100\mu L$。

（4）色谱分析条件　推荐的色谱条件见表 15-2，山梨糖醇典型高效液相色谱图如图 15-3 所示，各组分的相对保留时间见表 15-3。其他能达到同等分离程度的色谱条件均可使用。

表 15-2　推荐的色谱指标条件

项　　目	指　　标
色谱柱	柱长 300mm，柱内径 7.8mm，以钙型强酸性阳离子交换树脂为填充剂的专用于分离单糖、二糖、三糖、多糖类和糖醇类等非极性、水溶性的碳水化合物的糖及糖醇分析柱
柱温/℃	$75\sim90$，（控制精度±1℃）
流动相	水
流动相流速/(mL/min)	$0.5\sim1.0$
进样量/μL	20

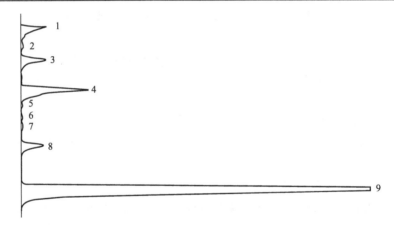

图 15-3　山梨糖醇典型高效液相色谱图

1，2—多糖醇；3—麦芽三糖醇；4—麦芽糖醇；5～7—未知峰；8—甘露糖醇；9—山梨糖醇

表 15-3　各组分的相对保留时间

峰序	组分名称	相对保留时间
1	多糖醇	0.30
2	多糖醇	0.38
3	麦芽三糖醇	0.44
4	麦芽糖醇	0.57
5～7	未知峰	—
8	甘露糖醇	0.81
9	山梨糖醇	1.00

（5）分析步骤

① 标准样品溶液的配制　称取 3.2～4.9g 山梨糖醇标准样品和 0.08～1.00g 甘露糖醇，精确至 0.0002g，置于 100mL 容量瓶中，稀释至刻度，充分摇匀，静置 1h 后用过滤器预处理后备用。

② 样品溶液的配制　称取 6.0～8.0g 实验室样品，精确至 0.0001g，置于 100mL 容量瓶中，稀释至刻度，充分摇匀，用过滤器预处理后备用。

③ 测定　按高效液相色谱仪操作规程开机预热，调节温度及流量，达到分析条件并基线平稳后，将标准样品溶液进样，谱图中应出现至少两个完全分离的峰，分离度 R 应大于 1.2 其中山梨糖醇的出峰时间约为 23min，甘露糖醇的出峰时间约为山梨糖醇的 0.8 倍。

用微量进样针（HPLC 专用）取标准样品溶液 20μL，进样，记录所得的山梨糖醇的峰面积 A；用微量进样针（HPLC 专用）取样品溶液 20μL，进样，记录所得的山梨糖醇峰面积 A。

（6）结果计算　山梨糖醇的质量分数 w_2 数值以％表示，按式（15-4）计算。

$$w_2 = \frac{A_u m_s w_s}{A_s m_u} \times 100\% \tag{15-4}$$

式中　m_s——山梨糖醇标准样品的质量，g；

　　　m_u——试料的质量，g；

　　　A_s——标准样品溶液中的山梨糖醇的峰面积；

　　　A_u——样品溶液中的山梨糖醇的峰面积；

　　　w_s——山梨糖醇标准样品中山梨糖醇的质量分数，％。

取两次平行测定结果的算术平均值为测定结果，两次行测定结果的绝对差值不大于 0.5％。

4. 总糖含量的测定

（1）方法提要　在酸性条件下，样品中的聚糖经加热回流水解生成的单糖被过量的费林溶液氧化，反应生成氧化亚铜沉淀，氧化亚铜将硫酸铁还原为硫酸亚铁，用高锰酸钾标准滴定溶液滴定生成的硫酸亚铁。根据高锰酸钾标准滴定溶液的消耗量，查高锰酸钾法的氧化亚铜-葡萄糖换算表得到葡萄糖的质量，经计算，得出总糖（以葡萄糖计）含量。

（2）试剂　氢氧化钠溶液：400g/L。盐酸溶液：18＋1。甲基橙-溴甲酚绿混合指示剂。

（3）分析步骤　称取 20g 实验室样品（根据含总糖的量确定称样量），精确至 0.0002g，置于 500mL 磨口锥形瓶中，加 100mL 盐酸，加约 80mL 水，装上冷凝管在水浴中回流。沸腾开始计时，续沸 45min，冷却后，加甲基橙-溴甲酚绿混合指示剂，用氢氧化钠溶液中和至溶液 pH＝7 左右，移入 500mL 容量瓶中，加水稀释至刻度，充分摇匀，量取 20.00mL 置于 250mL 锥形瓶中。

（4）结果计算　总糖（以葡萄糖计）的质量分数 w_4，按式（15-5）计算。

$$w_4 = \frac{m_1}{m \times 1000 \times (20/500)} \times 100\% \tag{15-5}$$

式中　m_1——葡萄糖的质量，mg；

　　　m——试料的质量，g。

取两次平行测定结果的算术平均值为测定结果，两次平行测定结果的绝对差值不大于0.08%。

思考题

1. 检测还原糖的目的是什么?
2. 还原糖检测的原理是什么?
3. 总糖含量的测定原理是什么?
4. 还原糖检测的步骤有哪些?

项目十六　斯盘-80 中还原性物质的测定

知识目标

1. 了解精细化工实验室的安全知识及事故处理方法。
2. 能识别实验室常用仪器及各种原料的性质。
3. 掌握斯盘-80 中还原性物质的测定的原理。

技能目标

1. 会检索相关资料。
2. 会制定操作方案。
3. 能规范进行溶液的配制。
4. 能制定合理的方案进行斯盘-80 中还原性物质测定。
5. 能按照规范填写实验记录和产品报告。

项目背景

一、基本信息

斯盘-80 又名司班 80、司盘 80、斯潘 80、S-80、S80、SPAN-80、SPAN80、乳化剂 S80，化学名叫失水山梨糖醇脂肪酸酯，是一种非离子表面活性剂。其规格有 S-20、S-40、S-60、S-80、S-85 等。具体技术指标见表 16-1。

表 16-1　各类斯盘技术指标

规格	外观(25℃)	羟值 /(mg KOH/g)	皂化值 /(mg KOH/g)	酸值 /(mg KOH/g)	HLB 值	熔点 /℃
S-20	琥珀色黏稠液体	330～360	160～175	1.5～8	8.6	液(25℃)
S-40	微黄色蜡状固体	255～290	140～150	1.5～8	6.7	45～47
S-60	微黄色蜡状固体	240～270	135～155	1.5～8	4.7	52～54
S-80	琥珀色黏稠油状物	190～220	140～160	1.5～10	4.3	液(25℃)
S-85	黄色油状液体	60～80	165～185	1.5～15	1.8	液(25℃)

二、性能与应用

1. S-20

S-20 溶于油及有机溶剂，分散于水中呈半乳状液体。S-20 在医药、化妆品生产中作乳化剂、稳定剂、增塑剂、润滑剂、干燥剂；纺织工业中作柔软剂、抗静电剂、整理剂；也用作机械润滑剂；作为添加型防雾剂，具有良好的初期及低温防雾滴性，适用于 PVC（1%～1.5%）、聚烯烃薄膜（0.5%～0.7%）、EVA 薄膜。S-80 主要用作机械润滑剂、石油和涂料工业乳化剂。

2. S-40

S-40 溶于油及有机溶剂，在热水中呈分散状。在食品、化妆品业中作乳化剂、分散剂；在乳液聚合中作乳化稳定剂；在印刷油墨中作分散剂；也可用作纺织防水涂料添加剂、油品乳化分散剂；广泛用于聚合物防雾滴剂、PVC 农膜（1%～1.7%）、EVA（0.5%～0.7%）。

3. S-60

S-60 本品不溶于水，在热水中呈分散状，是良好的 W/O 型乳化剂，具有很强的乳化、分散、润滑性能，也是良好的稳定剂和消泡剂。S-60 在食品工业中用作乳化剂，用于饮料、奶糖、冰激凌、面包、糕点、麦乳精、人造奶油、巧克力等生产中；在纺织工业中用作腈纶的抗静电剂、柔软上油剂的组分；在食品、农药、医药、化妆品、涂料、塑料工业中用作乳化剂、稳定剂；作为 PVC、EVA、PE 等薄膜的防雾滴剂使用，在 PVC 中用量为 1.5%～1.8%，在 EVA 中用量为 0.7%～1%。

4. S-80

S-80 难溶于水，溶于热油及有机溶剂，是高级亲油性乳化剂。用于机械、涂料的乳化。在石油钻井加重泥浆中作乳化剂；在食品和化妆品生产中作乳化剂；在涂料工业中作分散剂；在钛白粉生产中作稳定剂；在农药生产中作杀虫剂、润湿剂、乳化剂；在石油制品中作助溶剂；也可作防锈油的防锈剂。用于纺织和皮革的润滑剂和柔软剂。S-80 作为薄膜防雾滴剂，具有良好初期和低温防雾滴性，在 PVC 中用量为 1%～1.5%，在聚烯烃中的用量为 0.5%～0.7%。

5. S-85

S-85 微溶于异丙醇、四氯乙烯、棉籽油等。主要用于医药、化妆品、纺织、涂料以及石油行业等，也用作乳化剂、增稠剂、防锈剂等。

▷▷ 项目分析

斯盘-80 含许多未知的还原性物质，这些还原性物质可被氧化剂氧化，当斯盘-80 作为乳化剂使用在乳液合成中时，会影响过氧化物的氧化效率，从而导致乳液质量的下降。找到检测出其中还原性物质的含量方法，对选择质量较好的斯盘-80 是至关重要的。

 **斯盘-80 中还原性物质的测定**

任务一　I₂ 法测定还原行物质

一、主要试剂

斯盘-80 试样，0.01mol/L、0.001mol/L 或 0.0001mol/L 的 I_2 标准溶液，1% NaCl 溶液。

二、实验步骤

称取约 0.05mol（称准至 0.0001g）的斯盘-80，用无水乙醇溶解并转移到 500mL 容量瓶中，用无水乙醇定容，即为待测液。用移液管移取 25mL 待测液到 250mL 烧杯中，加 40mL 无水乙醇与水的混合液（无水乙醇∶水＝1∶1 体积比），加入 5mL 浓度为 1％的 NaCl 溶液，放入电极，在电磁搅拌下滴入约 0.01mol/L、0.001mol/L 或 0.0001mol/L 的 I_2 标准溶液，滴至电位突变即为终点。做平行实验。

任务二　$K_2Cr_2O_7$ 法

一、主要试剂

斯盘-80 试样，0.01mol/L、0.001mol/L、0.0001mol/L 的 $K_2Cr_2O_7$ 标准溶液，1％的 NaCl 溶液。

二、实验步骤

称取约 0.05mol（称准至 0.0001g）的斯盘-80，用无水乙醇溶解并转移到 500mL 容量瓶中，用无水乙醇定容，即为待测液。用移液管移取 25mL 待测液到 250mL 烧杯中，加 40mL 无水乙醇与水的混合液（无水乙醇∶水＝1∶1 体积比），加入 5mL 浓度为 1％的 NaCl 溶液和浓盐酸 10mL，搅拌下加入约 0.01mol/L（5mL）、0.001mol/L（10mL）或 0.0001mol/L（20mL）的 $K_2Cr_2O_7$ 标准溶液，加热 10min。再用相应浓度的硫酸亚铁铵标准溶液电位滴定至电位发生突变即为终点。做平行实验。

任务三　$K_2Mn_2O_7$ 法

1. 主要试剂

斯盘-80 试样、0.01mol/L、0.001mol/L 或 0.0001mol/L 的 K_2MnO_4 标准溶液，1％的 NaCl 溶液。

2. 实验步骤

称取约 0.05mol（称准至 0.0001g）的斯盘-80，用无水乙醇溶解并转移到 500mL 容量瓶中，用无水乙醇定容，即为待测液。用移液管移取 25mL 待测液到 250mL 烧杯中，加 40mL 无水乙醇与水的混合液（无水乙醇∶水＝1∶1 体积比），加入 5mL 浓度为 1％的 NaCl 溶液，放入电极，电磁搅拌下滴入约 0.01mol/L、0.001mol/L 或 0.0001mol/L 的 K_2MnO_4 标准溶液，滴至电位突变即为终点。做平行实验。

📖 知识链接　多元醇型非离子表面活性剂

多元醇型非离子表面活性剂含有多个羟基作为亲水基团。亲水基原料为甘油、季戊四醇、山梨醇、失水山梨醇和糖类。所用疏水基原料主要为脂肪酸。多元醇型非离子表面活性剂主要有脂肪酸失水山梨醇酯、脂肪酸甘油酯、蔗糖酯等种类。

一、脂肪酸失水山梨醇酯（商品名，Span，斯盘）

合成方法：

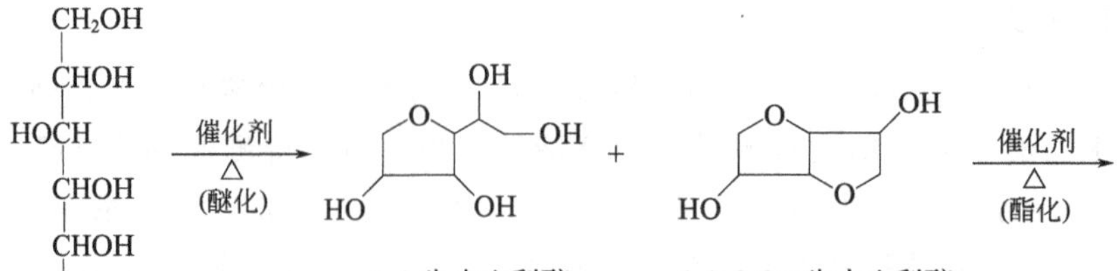

1,4-失水山梨醇　　1,4; 2,6-二失水山梨醇

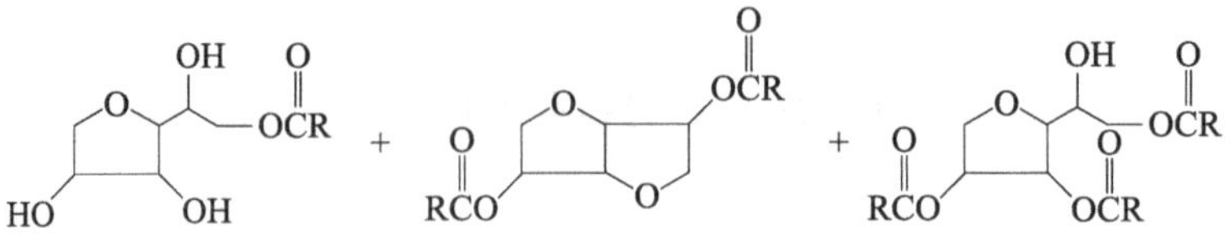

单酯　　　　　双酯　　　　　三酯

二、脂肪酸酯

1. 单甘酯

单甘酯可看作是甘油和脂肪酸酯化的产物，它是一种重要的非离子表面活性剂，广泛用作食品乳化剂。

$$
\begin{array}{ccc}
\text{RCOOCH}_2 & \text{CH}_2\text{—OH} & \text{RCOOCH}_2 \\
\text{RCOOCH} & + \quad \text{CH—OH} & \xrightarrow{\text{NaOH}} \quad \text{CH—OH} \\
\text{RCOOCH}_2 & \text{CH}_2\text{—OH} & \text{CH}_2\text{OH}
\end{array}
$$

2. 蔗糖酯

蔗糖脂肪酸酯简称蔗糖酯。由于它易生物降解，可被人体吸收，对人体无害，不刺激皮肤和黏膜，具有良好的乳化、分散、润湿、去污、起泡、黏度调节、防止老化等性能，可用作食品乳化剂、食品水果保鲜、糖果润滑脱膜剂和快干剂等。在日用化妆品中，能促进皮肤柔软、滋润。还可用作洗涤剂、医药、农药、动物饲料等的添加剂。合成方法：

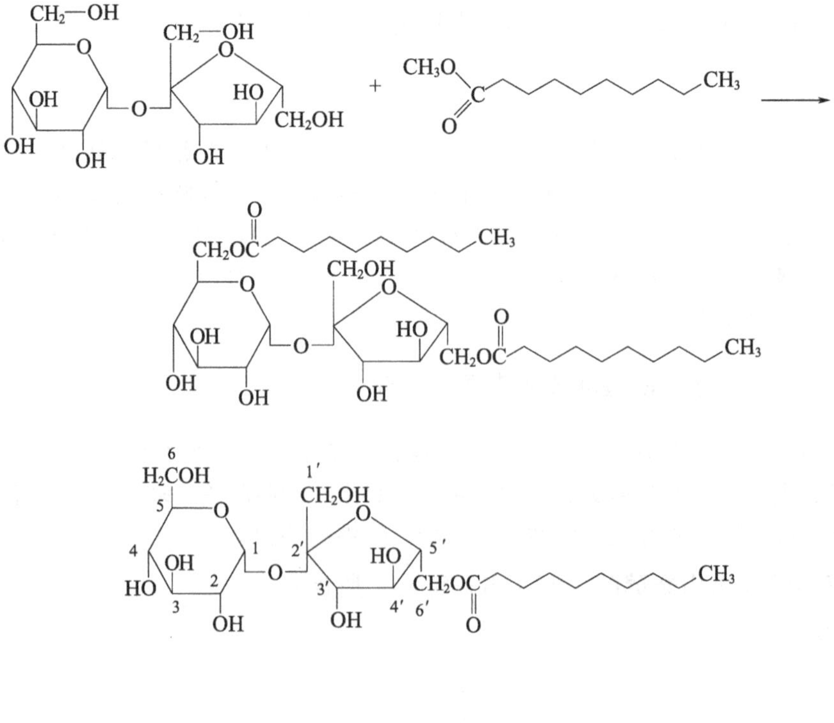

思考题

1. 检测还原糖的目的是什么？
2. 还原糖检测的原理是什么？
3. 多元醇型非离子表面活性剂的定义是什么？
4. 自动电位滴定仪器如何操作？
5. 自动电位滴定仪器的测定原理是什么？

项目十七　皮革手感剂稳定性的研究

知识目标

1. 了解精细化工实验室的安全知识及事故处理方法。
2. 能识别实验室常用仪器及各种原料的性质。
3. 了解皮革手感剂的配方。
4. 掌握乳化剂的使用方法。

技能目标

1. 会检索相关资料。
2. 会制定操作方案。
3. 能进行乳化装置的搭设。
4. 能制定合理的方案并制备皮革手感剂。
5. 能按照规范填写实验记录和产品报告。

项目背景

石蜡是我国各行业都需要的重要原料，在轻工、化工、造纸、建筑等行业具有广泛的用途。在使用中石蜡的最好形式是乳化蜡，在涂饰剂中影响手感效果的助剂称手感剂，其主要成分是乳化蜡。乳化蜡是一种含水、含蜡的均匀流体。

乳化蜡可以应用在很多领域，在人造板行业，在胶料中加入一定数量乳化蜡，可使木板具有抗水性和提高表面光洁度，并使蜡用量可降低 50％，还能提高产品质量；在皮革工业中，乳化蜡用作皮革涂饰剂，可使成品皮革外表美观、手感丰满、柔软、光泽自然柔和，并提高耐磨性、抗水性和耐曲挠性，经涂饰后，可以遮盖皮革的伤残。

乳化蜡发展至今已有 100 多个品种。在国外，乳化蜡的生产工艺已经相当成熟。国外的一些知名公司，如德国 BASF、Bayer、日本三洋、三井化学工业公司、美国 Mobil、Allied-Signal 等都开发了一系列的产品。随着各行业对乳化蜡需求量的日益增长，到 2015 年，我国乳化蜡总需求量将达到 50 万吨。

项目分析

对手感剂配方研究的结果表明：借助于（均匀设计与调优）软件，可以用较少的试验找到最佳配方的手感剂，性能稳定，并能与其他涂饰剂组分充分互溶。如果质量较好的手感剂配成的涂饰剂在皮革厂试验，可以提高手感剂在涂饰剂中使用的比例，而且涂饰出皮革细腻、光亮、手感自然的效果。同时不粘板、不反白、不脱层。本项目的目的就是找到手感剂的最佳配方。

 **任务实施** **皮革手感剂工艺优化**

一、配方

计划产量 111g，10%左右固含量。

蜡	4.48g
乳化剂 T-8	4.8g
乳化 S	1.81g
水	100g

二、工艺

在 250mL 四口烧瓶中称取蜡 4.48g、乳化剂 T-8 4.8g、乳化 S 1.81g，在水浴条件下搭好装置，水温保持在 80℃左右，待原料熔融后开动搅拌器，搅拌速率为 100r/min 左右。搅拌 30min，待四口烧瓶内原料温度达 80～85℃后，用胶头滴管滴加 80～85℃的去离子水 100g。当热去离子水加到 50%后再将搅拌速率升高至 300r/min 左右。热去离子水滴加时间分 40min、1.5h、2.5h 三种。

滴加方法 1：滴加分为三个阶段，第一个 1/3 时间滴加 20g 热去离子水，第二个 1/3 时间滴加 30g 热去离子水，第三个 1/3 时间滴加 50g 热去离子水。共 40min＋1.5h＋2.5h 滴加完毕，各阶段保证匀速滴加。

滴加方法 2：滴加分为三个阶段，第一个 1/3 时间滴加 20g 热去离子水，第二个 1/3 时间不滴加去离子水，第三个 1/3 时间滴加 80g 热去离子水，共 40min＋1.5h＋2.5h 滴加完毕，各阶段保证匀速滴加。

滴加方法 3：整个过程保持匀速滴加 100g 热去离子水，共 40min＋1.5h＋2.5h 滴加完毕。

滴加完后，于 80～85℃保温 1h。然后关闭加热，换冷水，将水浴温度降至 50℃左右再搅拌 30min。再换冷水浴降至常温后过滤出料，过滤用布氏漏斗及抽滤瓶。

三、正交实验条件

① 乳化剂用量统一共 6.61g。
② 热去离子水滴加时间：40min＋1.5h＋2.5h。
③ 水滴加方式：方法 1，方法 2，方法 3。

四、实验计划

本次试验的因素分析见表 17-1。

表 17-1　因素分析

因素	水滴加时间/min	水滴加方式
实验 1	30	方法 1
实验 2	30	方法 2
实验 3	30	方法 3
实验 4	40	方法 1
实验 5	40	方法 2
实验 6	40	方法 3
实验 7	50	方法 1
实验 8	50	方法 2
实验 9	50	方法 3

五、注意事项

① 本次实验主要考察热去离子水滴加时间及滴加方式对产品的影响。

② 蜡及乳化剂熔融时，搅拌速率不要太快，以防蜡溅到三口烧瓶壁上，影响结果。

③ 产品出料后需过滤。

六、测试指标

① 含固量 9.0%～11.0%，称取样品于培养皿上，放于烘箱中在 105℃烘 3h。

② 离心稳定性：3000r/min 保持 15min 和 30min，分别观察其稳定性，是否分层。

③ 热稳定性：取约 15mL 样品煮沸 15min，观察样品的稳定性。

④ 置于 5℃冰箱中 12h 以上，观察样品稳定性。

知识链接　　**吐温非离子表面活性剂**

一、分散性测定方法

① 分散性测定方法参照农药乳液分散性测定的 5 个等级，一级最好，五级最差。

② 一级：将乳化蜡滴入水中，能迅速地分散成带蓝色荧光的云雾状分散液，稍加搅动后成蓝色或苍白色透明溶液。

③ 二级：将乳化蜡滴入水中，能迅速自动分散成蓝白色云雾状带荧光的分散液，稍加搅动形成蓝色半透明溶液。

④ 三级：将乳化蜡滴入水中，呈白色云雾状或条状分散液，搅动后得乳白色稍带荧光的不透明乳液。

⑤ 四级：将乳化蜡滴入水中，呈白色微粒浮在水面，搅动后仍能成为乳白色不透明的乳液。

⑥ 五级：将乳化蜡滴入水中，呈大颗粒浮在水面，搅动后虽能乳化，但立即发生分层，蜡上浮。

二、吐温非离子表面活性剂

吐温是（Tween）的音译，也叫吐温型乳化剂，为斯盘（Span，山梨醇脂肪酸酯）和环氧乙烷的缩合物，为一类非离子型去污剂。

化学名称：聚氧乙烯失水山梨醇脂肪酸酯，简称聚山梨酯（Polysorbate）。

由于斯盘为山梨醇与不同高级脂肪酸所形成的酯，故吐温实际上是同类型的系列产品，在一般精细化工商店或化学试剂公司分 20、40、60、80 几种，根据不同的需要来选用。

吐温可分为吐温 20（Tween-20）、吐温 21（Tween-21）、吐温 40（Tween-40）、吐温 60（Tween-60）、吐温 61（Tween-61）、吐温 80（Tween-80）、吐温 81（Tween-81）、吐温 85（Tween-85）等吐温-60 为硬脂酸酯；吐温-80 为油酸酯；吐温-20 为月桂酸酯，是聚氧乙烯去水山梨醇单月桂酸酯和一部分聚氧乙烯双去水山梨醇单月桂酸酯的混合物。

外观和性状：淡黄色至琥珀色油状液体或膏状物，溶于水、乙醇、油脂等。

原理：由于聚山梨酯分子中有较多的亲水性基团——聚氧乙烯基，故亲水性强，为一种非离子型去污剂。

作用与用途如下。

（1）生物学实验中乳化蛋白，在使用时，吐温和同类型的 Triton X-100（聚乙二醇辛基苯基醚）非离子型去污剂不破坏蛋白的结构，可减少对蛋白质之间原有的相互作用的破坏。离子型去污剂如 SDS 则破坏蛋白的结构。

（2）在生物学实验中作封闭剂，封闭剂应该封闭所有未结合位点而不替换膜上的靶蛋白，不结合靶蛋白的标委，也不与抗体或检测试剂有交叉反应。吐温-20 有复性抗原的作用，可提高特异性的识别能力。在做蛋白质免疫印迹时，用惰性蛋白质或非离子去污剂封闭膜上的未结合位点，可以降低抗体的非特异性结合。最常见的封闭剂是 BSA、脱脂奶粉、酪蛋白、明胶和吐温-20（0.05%～0.1%）稀溶液。

（3）常作为水包油（O/W）型乳化剂，使其他物质均匀在溶液中分散，主要用于农药、食品、化妆品。与其他乳化剂如月桂醇硫酸钠或斯盘类合用，能增加乳剂的稳定性。吐温可用来使精油乳化后溶解于水液体中，完全发挥作用。相对来说，吐温-20 更温和一些，吐温-80 的乳化性更强一些。

（4）药用

① 可作某些药物的增溶剂；

② 有溶血作用，以吐温-80 作用最弱；

③ 水溶液加热后可产生浑浊，冷后澄清，不影响质量；

④ 在溶液中可干扰抑菌剂的作用。

思考题

1. 影响产品稳定性的关键因素是什么？

2. 手感剂的主要用途有哪些？

3. 分散性测定方法的是什么？

4. 吐温非离子表面活性剂有哪几种？

5. 乳化剂是如何起乳化作用的？

项目十八　阻燃型纺织涂层分散效果优化

知识目标

1. 了解精细化工实验室的安全知识及事故处理方法。
2. 能识别实验室常用仪器及各种原料的性质。
3. 了解纺织涂层配方。
4. 掌握分散剂的使用方法。

技能目标

1. 会检索相关资料。
2. 会制定操作方案。
3. 能规范进行分散装置的搭设。
4. 能制定合理的方案并制备阻燃型纺织涂层。
5. 能按照规范填写实验记录和产品报告。

项目背景

本课程项目来自合作企业高分子研究所。该高分子研究所目前主要研究聚丙烯酸酯类涂层，自 2007 年以来，已经有多个涂层产品成功投入生产，并产生了巨大的经济效益，2011年的涂层产品销售额达 5 亿。

纺织涂层整理剂又称涂层胶，是一种均匀涂布于织物表面的高分子类化合物。它通过黏合作用在织物表面形成一层或多层薄膜，不仅能改善织物的外观和风格，而且能增加织物的功能，使织物具有阻燃、防水、耐水压、通气透湿、防污以及遮光反射等特殊功能。

项目分析

将阻燃材料与乳液混合分散好得到浆料，并将此浆料涂于织物表面。要求涂层表面均匀一致，无由于阻燃材料在乳液中分散不均或发生絮凝，导致浆料中出现极细小的颗粒，从而在刮涂过程中会出现细小的刮痕或白点。本项目的重点在于寻找合适的分散剂。为了防止刮涂过程中出现细小的刮痕或白点，拟进行如下工艺改进。

一、改变分散剂的类型

阻燃材料一般为粉料，有很高的表面能，很难被水润湿，即使被润湿后粉料颗粒也很容易重新齐聚形成较大的颗粒。

分散剂主要使各种阻燃材料均匀并稳定分散于乳液中，同时防止其重新同聚。分散剂初步选择如下几种：自制 6501、1831、1631。

二、调整粉料的配比

粉料包括十溴二苯乙烷和三氧化二锑、氧化铝、十溴二苯乙醚等有机和无机粉料，它们的作用是使涂层有阻燃功能，由于其性质不同，各自的亲水性能也不一样，分散的难易也不一样，其中十溴二苯乙烷的亲水性能最差，也最难被分散，但其阻燃性能好。而三氧化二锑的亲水性较好，容易分散，但阻燃性能较差。通过改变粉料的比例，可以使涂层既有较好的阻燃性能和表面效果，同时粉料也能较好地分散。

三、调整工艺操作过程

工艺操作对产品的分散效果也有一定的影响，对比不同的工艺过程，可以得出较好的工艺过程。主要可以按照以下两种工艺进行操作。

 **任务实施** 阻燃型纺织涂层分散效果优化

一、配方

配方 1

十溴二苯乙烷	25g
三氧化二锑	10g
去离子水	20g
乳液	30g
分散剂 1831＋6501(1∶1)	2.6g
消泡剂 NXZ	0.4g
增稠剂 TT935、ASE60、RM2020	0.5～1.5g(比例 3∶3∶4)

配方 2

十溴二苯乙烷	25g
三氧化二锑	10g
去离子水	20g
乳液	30g
分散剂 1631＋6501(1∶1)	2.6g
消泡剂 NXZ	0.4g
增稠剂 TT935、ASE60、RM2020	0.5～1.5g(比例 3∶3∶4)

配方 3

十溴二苯乙烷	25g
三氧化二锑	10g
去离子水	10g
乳液	40g
分散剂 1831＋1631(1∶1)	2.6g
消泡剂 NXZ	0.4g
增稠剂 TT935、ASE60、RM2020	0.5～1.5g(比例 3∶3∶4)

二、工艺

搭好高速分散装置，在约 250mL 搅拌容器中加入去离子水、乳液及 2.6g 分散剂，高速搅拌 30min。然后缓慢投入十溴二苯乙烷及三氧化二锑粉料 35g，10min 左右加完。加完后高速搅拌 30min，速度控制在 500～1000r/min。然后加入消泡剂 0.4g，搅拌 10min 左右，

直至气泡减少。最后缓慢加入增稠剂 0.5～1.5g，调整产品黏度至 8000～10000MPa·s 出料。测定分散级数、黏度、含固量。

三、装置

如图 18-1 所示为常用的高速分散机。

四、分散效果检测

在制备好的浆料加入少量色浆，搅拌均匀。取 5～10g 浆料放置在 A4 纸上，用刮刀将浆料在纸上刮开，观察刮涂后的表面有无条痕和白点，并与标准比较，评定级数，如图 18-2 所示。同时测出黏度和含固量。

图 18-1　常用的高速分散机

图 18-2　分散效果检测

 **知识链接**　　表面活性剂的分散作用

一、分散体系的分类

分散作用是指一种或几种物质分散在另一种物质中形成分散体系的作用。被分散的物质叫分散相，另一种物质叫分散介质。溶液、悬浮液和烟雾等都是分散体系。这些分散体系的差别，主要在于分散相质子大小的不同。按分散相质子大小，分散体系可以分为三类：①粗分散体系，质点大于 0.5μm，质点不能通过滤纸；②胶体分散体系，质点大小为 1nm～0.5μm，质点可以通过滤纸，但不能透过半透膜；③分子分散体系，质点小于 1nm，可以通过滤纸和半透膜。

分散体系也可以按分散相和分散介质的聚集状态来分类，可分为八类。分散介质为气体的分散体系的称为气溶胶；分散介质为液体分散体系的称为液溶胶；分散介质为固体分散体系的称为固溶胶。分散体系的类型见表 18-1。

在实际生产和生活中，有时需要将固体粒子分散在液体中形成稳定而且均匀的分散体系。例如，颜料分散于涂料、药剂、油井用钻井液，染料等中。把粉末浸没于一种液体中，通常不能形成稳定的分散体，粉末颗粒常常聚集成团，而且即使粉末很好地分散在液体中形成分散体，也很难长时间保持稳定。在实际应用中，有时需要稳定的分散体，例如涂料、印刷油墨等，有时又需要破坏分散体，使固体微粒尽快地聚集沉降，例如在湿法冶金、污水处理、原水澄清等方面。分散作用往往通过表面活性剂来实现，表面活性剂对分散作用有很大影响。总括起来，分散体系的稳定作用可用一个图形象地表示出来，如图 18-3 所示。分散

表 18-1　分散体系的类型

分散相	分散介质	类别	体系的名称和实例
液	气	气溶胶	如云雾
固	气		如烟尘
气	液	液溶胶	如泡沫
液	液		乳状液,如牛奶、石油中的水
固	液		溶胶和悬浮液,如涂料、染料
气	固	固溶胶	固体泡沫,如馒头、泡沫塑料、浮石
液	固		固体乳状液,如硅凝胶
固	固		固体悬浮体,如合金

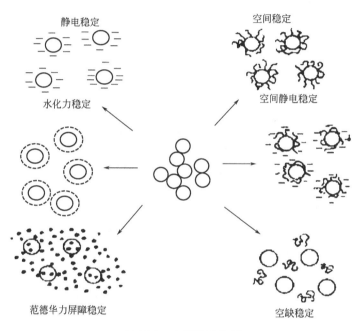

图 18-3　空间稳定作用

体系中分散剂的重要作用就是防止分散质点接近到范德华力占优势的距离,使分散体系稳定,而不致絮凝、聚集。分散剂的加入能产生静电斥力,降低范德华力,有利于溶剂化(水化),并形成围绕质点的保护层。空间稳定作用是由于分散质点间未被吸附的高分子产生斥力并使质点分开。

二、表面活性剂的分散作用

1. 固体粒子的润湿

润湿是固体粒子分散的最基本条件,若要把固体粒子均匀地分散在介质中,首先必须使每个固体微粒或粒子团能被介质充分润湿。这个过程的推动力可以用铺展系数表示。

$$S_{us} = \gamma_{sg} - \gamma_{sl} - \gamma_{lg}$$

当铺展时,固体粒子就会被介质完全润湿,此时接触角=0°。在此过程中,表面活性剂起了重要作用。液体中加入润湿剂(一般为表面活性剂),表面活性剂会在液-气界面(水为分散介质）形成定向吸附，使降低；而且表面活性剂在固-液界面以疏水链吸附于固体粒子表面，亲水基伸入水相，这种定向排列大大降低了界面张力。因此，有利于铺展系数增大，接触角变小，固体粒子被充分润湿。

2. 粒子团的分散或碎裂

粒子团的分散或碎裂涉及粒子团内部的固-固界面分离。在固体粒子团中常会存在缝隙，另外粒子晶体由于应力作用也会使晶体造成微缝隙，粒子团的碎裂就发生在这些地方。表面活性剂吸附在粒子微裂缝中，会加深微裂缝，而且可以减少固体质点分散所需的机械功；另外，离子型表面活性剂吸附于粒子表面时，可使粒子中质点获得相同电性的电荷，质点就互相排斥而易于分散在液体中。

3. 防止固体微粒重新聚集

固体微粒在液体中的分散体系为热力学不稳定体系，微粒聚集变大是自然趋势。固体分散于液体中后，需要采取有效措施，防止固体微粒再聚集。由于表面活性剂降低了固-液界面的界面张力，即增加了分散体系的热稳定性；并且表面活性剂吸附在固体微粒的表面上，从而增加了防止微粒再聚集的势垒。因此，加入表面活性剂会降低粒子再聚集的倾向。

三、分散体系的絮凝

絮凝作用主要是在体系中加入有机高分子絮凝剂（通常也是表面活性剂），有机高分子絮凝剂通过自身的极性基或离子基团与质点形成氢键或粒子对，加上范德华力而吸附在质点表面，在质点间进行桥联，形成体积庞大的絮状沉淀而与水溶液分离。絮凝作用的特点是：絮凝剂用量少，体积增大的速度快，形成絮状体的速度快，絮凝效率高。

1. 有机高分子絮凝剂的分子结构与电荷密度

有机高分子絮凝剂一般为共聚物，多为无规或嵌段共聚物，有的在高分子主链上还带有支链或环状结构。有机高分子絮凝剂为线型结构时，一般絮凝效果较好。

有机高分子絮凝剂的电荷来源于自身带有的可电离的基团。高分子絮凝剂的电荷密度取决于分子链节中可电离基团的数量。阳离子和阴离子型有机高分子絮凝剂溶解在水溶液中，能离解成多价的高分子离子并带有大量反离子。许多高分子离子是柔软、弯曲的长链，在水溶液中，由于高分子离子的带电而使柔顺的分子链变得伸展，高分子离子带的电荷越多，伸展的程度就越大。絮凝效率高的有机高分子，其电荷密度和分子量都需要有一个适当值。阴离子絮凝剂应具有较高的分子量和较低的电荷密度，在水溶液中，其分子链应是柔顺并有一定伸展度的线型结构。

2. 有机高分子絮凝剂的桥连作用

桥连作用指质点和悬浮物通过有机高分子絮凝剂架桥而被连接起来形成絮凝体的过程。有机高分子既有絮凝作用，又有保护作用。高分子浓度较低时，吸附在一个质点表面的高分子长链可能同时吸附在另一个质点或更多质点的表面，把几个质点拉在一起，最后导致絮凝，体现了高分子的絮凝作用。浓度较高时，质点表面完全被吸附的高分子覆盖，质点不会通过桥连而絮凝，溶胶稳定性提高，体现了高分子的保护作用。如图18-4所示为高分子的桥连作用和保护作用。

四、分散剂与絮凝剂

1. 分散剂

固体质点被液体润湿是分散过程中必需的第一步，若表面活性剂仅能润湿质点，而不能

(a) 桥连作用　　　　　　　　(b) 保护作用

图 18-4　高分子的桥连作用和保护作用

提高势垒高度使质点分散，则应该说此表面活性剂无分散作用，只能作为润湿剂。因此，能使固体质点迅速润湿，又能使质点间的势垒上升到一定高度的表面活性剂才称为分散剂。

水介质中使用的分散剂一般都是亲水性较强的表面活性剂，疏水链多为较长的碳链或成平面结构，如带有苯环或萘环，这种平面结构易作为吸附基吸附于具有低能表面的有机固体粒子表面，亲水基伸入水相，将原来亲油的低能表面变为亲水的表面。离子型表面活性剂还可以使靠近的固体粒子产生电斥力而分散。亲水的非离子表面活性剂可以通过长而柔顺的聚氧乙烯链形成水化膜，从而阻止固体粒子的絮凝，使其分散。常用的有：亚甲基二磺酸钠、萘磺酸甲醛缩聚物钠盐、木质素磺酸、低分子量聚丙烯酸钠、烷基醚型非离子表面活性剂等。

有机介质中使用的分散剂有：月桂酸钠、硬脂酸钠、有机硅、十八胺等。

2. 絮凝剂

有机高分子絮凝剂的絮凝作用主要是通过桥连而实现的，它需要具备几个条件：在介质中必须可溶；高分子的链节上具有能与固体粒子产生桥连的吸附基团；高分子应是线型的，并有适合于分子伸展的条件；分子链有一定的长度。常用的有机高分子絮凝剂有：丙烯酰胺类共聚物、丙烯酸类共聚物、顺丁烯二酸酐类共聚物、磺酸盐类共聚物、聚乙烯醇、聚氧乙烯醚、纤维素衍生物、淀粉衍生物等。

思考题

1. 影响产品分散效果的关键因素是什么？
2. 涂层的主要用途有哪些？
3. 分散剂的分散方式有哪些？
4. 常用的分散剂有哪些？
5. 本项目的阻燃效果主要是哪些组分产生的？

项目十九　油墨清洗剂的配方研究

⊡》项目背景

　　目前印刷工业中用于清洗印版、印刷机械、印刷书稿等着墨部位的油墨，大多使用汽油、丙酮、酒精、煤油、正己烷、三氯乙烷、三氯乙烯、二甲苯等有机溶剂，该类溶剂型清洗剂挥发性强、易燃、易爆、污染环境、危害人体健康，并且易对被清洗设备表面造成溶解、腐蚀。据统计，每年由油墨引起的全球有机挥发物（VOC）污染排放量已达数十万吨。为克服此类传统溶剂型油墨清洗剂的缺点，人们已经研制出多种新型水溶性印刷油墨清洗剂。

　　随着各类水溶性油墨清洗剂的不断出现和使用，人们也发现了此类清洗剂的弊端：有的腐蚀设备；有的伤害皮肤；有的适用范围窄；有的性能温和但清洗效果欠佳；有的成本高昂、配方复杂。因此，在不影响清洗能力的前提下，价格低廉、环境友好、工艺简单、使用安全、不挥发、不可燃、不易爆的清洗剂越来越得到人们的广泛关注和研究。

　　目前，我国书刊已基本淘汰铅印，实现胶版印刷，油墨清洗剂的作用正是清洗胶版印刷机的油墨，胶版印刷油墨的主要成分为：固体树脂48％，胶质油20％，颜料15％，液体树脂6％，蜡5％，碳酸铝2％。其中，最难清洗也是最需要彻底清洗的是颜料部分，因为颜料既难溶于水，也难溶于有机溶剂，只对水有一定的亲和力，因此，要求清洗剂成分中既需要含有有机溶剂成分，又需要含有与无机化合物和颜料亲和性较好的成分，才能根据"相似相溶"的原理，在清洗油墨过程中利用乳化作用，形成"水包油、油包水"的乳化液，达到最大限度地清洗墨辊、橡胶布和印版上油墨的目的。

 **项目分析**

本项目研究的新型水溶性油墨清洗剂以航空煤油为主溶剂，配以辅助溶剂、表面活性剂、乳化剂、极性溶剂、碱性助剂以及其他助剂配制而成。产品与传统溶剂型油墨清洗剂相比，具有安全性能高、清洗速度快、清洗效果好、环境友好等的特点，可替代传统溶剂型油墨清洗剂。

任务实施　**油墨清洗剂的配方优化**

一、仪器与试剂

航空煤油和脂肪醇聚氧乙烯醚（AEO-9），以上试剂均为工业级；邻苯二甲酸二丁酯（DBP）、乙二醇丁醚、苯甲醇、乙酸丁酯、十二烷基苯磺酸钠（LAS）、烷基酚聚氧乙烯醚（OP-10）、乙醇胺、椰油酸二乙醇酰胺（6501）、尿素、碳酸钠、硅酸钠、正丁醇，以上试剂均为分析纯；自来水、离心沉淀机、电子天平、电动搅拌器、数字黏度计。

二、配方

油墨清洗剂的配方见表 19-1。

表 19-1　油墨清洗剂的配方

试剂	质量分数/%	试剂	质量分数/%
航空煤油	10	DBP	3
乙二醇丁醚	2	苯甲醇	2
乙酸丁酯	2	AEO-9	13.3
LAS	6.7	OP-10	0.8
乙醇胺	1.5	6501	2
尿素	1	硅酸钠	0.3
水	53.9	正丁醇	1
碳酸钠	0.5		

三、工艺流程

油墨清洗剂的工艺流程如图 19-1 所示。

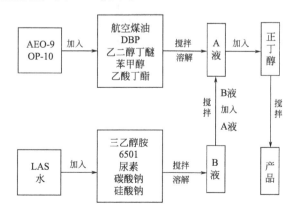

图 19-1　油墨清洗剂的工艺流程

四、操作步骤

1. 制备 A 液工艺

将 13.3％的 AEO-9 和 0.8％的 OP-10 加入由 10％的航空煤油、3％的 DBP、2％的乙二醇丁醚、2％的苯甲醇、2％的乙酸丁酯混合组成的复合溶剂中，搅匀后得到透明或半透明棕黄色溶液以备用。

2. 制备 B 液工艺

将 6.7％的 LAS 加入 53.9％的水中，然后依次加入 1.5％的三乙醇胺、2％的 6501、1％的尿素、0.5％的碳酸钠、0.3％的硅酸钠，搅拌直至该组分完全溶解得到作为 B 组分的透明无色或浅黄色溶液以备用。

3. 最终产品

将 B 组分缓慢加入 A 组分中，搅拌直至两相完全被分散，形成乳状液。在乳状液中加入 1％的正丁醇极性溶剂，搅拌 30min 后即得微乳型油墨清洗剂。

五、装置图

油墨清洗剂的制备装置如图 19-2 所示。

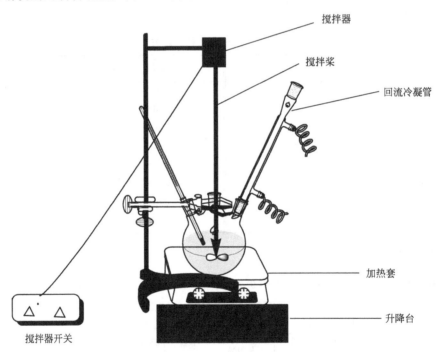

图 19-2　油墨清洗剂的制备装置

知识链接　**油墨清洗剂的影响因素**

一、微乳型油墨清洗剂的配制

依据初生皂法生产乳状液的原理，配制此微乳型油墨清洗剂。按照配方及比例，将计量的 LAS 和乳化剂加入复合溶剂中，搅匀后得到透明或半透明棕黄色溶液作为 A 组分。根据 LAS 的量计算所需要的 NaOH 的量，将 NaOH 加入计量的水中并配成溶液，按配方依次向 NaOH 溶液中加入计量的辅助活性剂及其他助剂，搅拌直至组分完全溶解，得到透明无色或浅黄色溶液作为 B 组分。将 B 组分慢慢加入 A 组分中，并不断搅拌（在此过程中有时会出现凝胶相）至两相完全被分散，即形成乳状液。往乳状液中加入按配方计量的正丁醇及助溶剂，搅匀后即得微乳型油墨清洗剂。

二、油墨清洗剂性能检测

1. 稳定性试验

放置稳定性：将产品静置于试管中，观察不同时间的分层情况。离心试验：将产品置于高速离心机中于 3000r/min 下旋转 15min，看有无分层现象。

2. 可燃性试验

用产品蘸湿纸或棉花放于火源上观察其可燃性。

3. 黏度测定

在室温（25℃）下测定黏度。

4. 去污效率的测定

参照通用水基金属清洗剂的方法，此微乳型油墨清洗剂的去污效率用质量分析法测定：将印刷油墨涂于一定质量的铝合金板片上，自然状态下晾干。将铝合金板片置于盛有清洗剂的烧杯中，并浸泡 5min 后，再匀速振荡 5min。取出板片，烘干、称重，计算去污效率。

三、主溶剂的筛选

油墨清洗剂配方中的溶剂主要根据以下因素选择：①对油墨中油溶性组分的溶解性能；②溶剂的挥发性能；③与配方中各种组分的配伍性能；④价格因素等。由于印刷油墨中的树脂一般为酚醛树脂，常用的树脂有松香改性酚醛树脂，也有醇酸树脂和聚氨酯醇酸树脂。要清除它们，就要找到能够溶解这些树脂的溶剂。根据相似相溶的原理和溶解度理论，可以找到一种溶剂，这种溶剂应该具备以下性能：①具有较高的溶解能力；②具有较快的挥发速率；③具有较强的渗透性；④具有良好的吸附润湿性；⑤对人体基本无害，使用方便；⑥对橡胶布和墨辊基本无腐蚀；⑦成本较低。

本实验采用以下试剂作为备选主溶剂：乙二醇甲醚、乙二醇乙醚、乙二醇丁醚、正戊醇、正癸醇、异丙醇、乙二醇、苯甲醇、丙三醇、乙酸乙酯、乙酸丁酯、乙二醇甲醚乙酸酯、邻苯二甲酸二丁酯、航空煤油。拟从中筛选清洗性能好、价格适中的主溶剂。通过实验，最后确定以航空煤油为主溶剂，并且其用量为 10%。

四、表面活性剂的筛选

表面活性剂的选择以保证油墨清洗剂具有较强的去污能力、乳化和润湿能力、分散性能为基准，同时兼顾表面活性剂的水溶性和对机件的腐蚀作用及价格方面的因素。通过对多种表面活性剂去污性能实验的比较，最终确定以 AEO-9 作为主表面活性剂，LAS 为辅助表面活性剂，且两者质量比为 2∶1。

五、乳化剂、乳化时间和极性溶剂的选择

混合乳化剂比单一乳化剂得到的乳状液更稳定，这是由于混合乳化剂吸附在水-油界面上，分子间产生强烈作用，可形成"复合物"，使界面张力显著降低，乳化剂在界面上吸附量增多，形成的界面膜密度增大、强度增高，使乳状液稳定性大大提高。而极性溶剂可明显改善微乳液的稳定性能，同时还可以促进洗涤液对墨垢的润湿以及墨垢的分散乳化。因此，选择 AEO-9、OP-10 这两种物质作为主乳化剂，其用量分别为 13.3% 和 0.8%，正丁醇等作极性溶剂，其用量为 1%。此外，实验发现，当乳化时间大于 30min 时，乳液稳定性好、

清洗性能较优。所以选择乳化时间为30min。

六、辅助溶剂的选择

为了增加乳化液的稳定性，必须加入少量辅助溶剂。表面活性剂吸附在水-溶剂界面上形成的界面膜的强度越大，乳化液越稳定。实验证明，当界面膜中有脂肪醇、脂肪酸等极性有机分子存在时，界面膜的强度显著增大。通过实验，结合乳液稳定性和成本等因素，选择以邻苯二甲酸二丁酯（3%）、乙二醇丁醚（2%）、苯甲醇（2%）和乙酸丁酯（2%）作辅助溶剂。

七、碱性助剂的选择

在清洗剂中加入碱性助剂能促进墨垢中干性油膜部分皂化，同时还可以降低墨垢与机件的结合力和墨垢的致密性，有利于墨垢的清除。根据清洗剂对碱性及皂化能力的要求，此微乳型油墨清洗剂选择碳酸钠和硅酸钠为碱性助剂，且其用量分别为0.5%和0.3%。

八、其他助剂的作用及其选择

在油墨清洗剂中加入其他助剂，可使表面活性剂的水溶性降低。因此，在此清洗剂配方中加入1%的尿素作增溶剂以促进活性剂的溶解；加入1.5%的三乙醇胺以调节pH值，减少清洗剂对印刷机和胶辊的损害以及对印刷机械的腐蚀，三乙醇胺对乳液的稳定性和清洗能力有一定的帮助；加入2%的6501以加强清洗剂的渗透力和稳定性。

九、乳液类型的确定

油墨清洗剂乳液类型可采用稀释法和染色法两种方法确定。将少量油墨清洗剂滴加入蒸馏水中，略振荡即可分散，可初步确定此清洗剂为O/W型微乳液；再取少量油墨清洗剂置于试管中，加入几滴亚甲基蓝溶液，振荡后可得到均一蓝色溶液，进一步说明该清洗剂是O/W型微乳液。

思考题

1. 影响产品效果的关键因素是什么？
2. 本产品的乳液类型如何确定？
3. 分析配方中各组分的作用？
4. 配方中有哪几种表面活性剂？
5. 该油墨清洗剂有哪些优点？

项目二十　利尿药盐酸阿米洛利的制备

知识目标

1. 了解盐酸阿米洛利的合成方法。
2. 掌握原料配制的方法。
3. 掌握盐酸阿米洛利的合成注意事项。
4. 理解重结晶的原理。

技能目标

1. 会检索相关资料。
2. 会制定操作方案。
3. 会进行盐酸阿米洛利合成操作。
4. 会测定盐酸阿米洛利的熔点。
5. 会进行重结晶操作。

项目背景

别名：阿米洛利，蒙达清。

外文名：Amiloride，Amiloride Hydrochloride。

CAS-登记号：217-958-2。

分子式及结构：$C_6H_8ClN_7O \cdot HCl$，其化学结构如图 20-1 所示。

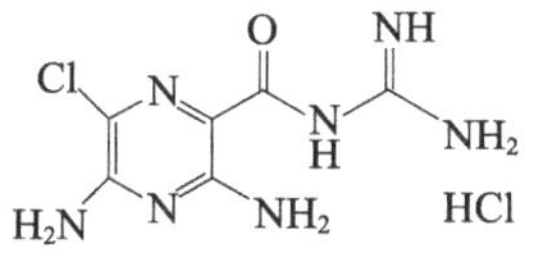

图 20-1　阿米洛利化学结构

药理作用及用途：为较强的保钾利尿药，其作用部位为远曲小管和皮质的集合管。降低该部位氢、钾分泌和钠、钾的交换，因而保钾利尿。常和氢氯噻嗪、呋塞米合用，因不经肝代谢，肝功能损害者仍可应用。

用法及用量：口服 5mg，2～4 次/日。

不良反应：可出现恶心、呕吐、腹痛、腹泻、便秘、口干、乏力等。

注意事项：高血钾或有高血钾倾向者禁用，不能同时用其他保钾利尿剂。避免与增加血钾的药同时应用。无尿、急性肾功能衰竭者禁用。慢性肾功能衰竭、糖尿病者均慎用。

▷▷ 项目分析

工业上的合成路线如下所示。

✍ 任务实施 利尿药盐酸阿米洛利的制备

一、反应方程式

二、原辅材料质量标准及规格

盐酸阿米洛利的原辅材料质量标准及规格见表 20-1。

表 20-1 盐酸阿米洛利的原辅材料质量标准及规格

原辅材料	甲醇钠	盐酸胍	甲醇	氨基物	浓盐酸
分子式	CH_3ONa	$CH_5N_3 \cdot HCl$	CH_3OH	$C_6H_7ClN_4O_2$	HCl
相对分子量	54	95.5	32	202	36.5
外观	白色晶体	白色晶体	无色溶液	棕黄色粉末	无色液体

三、操作步骤

1. 反应

开真空，向 500mL 三口瓶加甲醇钠溶液 180g，开搅拌，控温 25～30℃，向三口瓶投已干燥的盐酸胍 104g，加完后控温 25～30℃，搅拌 30min，抽滤，用 50mL 甲醇洗涤，滤液收集。

滤液转入 1L 三口瓶，加入 40g 的氨基物（3,5-二氨基-6-氯-2-吡嗪甲酸甲酯），控温 25～30℃搅拌 4h，反应物呈黄绿色浆状固体，停止搅拌，待用。加入 1kg 的高纯水，搅拌，用 30％的盐酸调 pH 值到刚果红由红变蓝色。

升温到 80～90℃，固体全部溶解，酸度保持不变，保温反应 20min，加入浓盐酸 60mL，停止加热，冷却到 5℃，过滤得粗品（105～120g）。

2. 精制

开真空，向 1L 三口瓶加高纯水 1kg，开搅拌，投样品 40g。开蒸汽升温到 80～90℃，使其全溶。加入活性炭 15g，保温 30min。

热抽滤，母液中加浓盐酸 15mL，冷却到 5℃离心，固体为产品。

3. 烘干

湿品分批投进陶瓷盆（陶瓷盆上下各铺一层滤布，中间放料）内，用塑料割刀割开，捻碎，放入烘箱。前期常压烘 6～8h，控制温度为 55～60℃（烘箱内温度），每 2h 进行翻料一次，同时捻碎，后期开真空，40～45℃烘过夜，直至手感觉料外表发硬时，拿出粉碎（先 40 目粉碎 2 遍，再用 80 目粉碎两遍），粉碎后取样测干失含量。

4. 包装

干失含量合格后，密封保存好，等待统一包装。

四、生产工艺流程

盐酸阿米洛利的生产工艺流程如图 20-2 所示。

图 20-2　盐酸阿米洛利的生产工艺流程

五、实验装置图

盐酸阿米洛利的制备装置如图 20-3 所示。

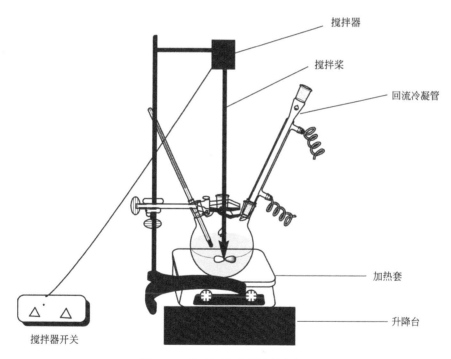

图 20-3　盐酸阿米洛利的制备装置

 **知识链接**　　**盐酸阿米洛利的测定——中和滴定法**

一、测定原理

供试品加冰醋酸、醋酸汞试液和二氧六环溶解后，加结晶紫指示液，用高氯酸滴定液（0.1mol/L）滴定至溶液显绿色，记录高氯酸滴定液的使用量，计算，即得。

二、试剂

水（新沸放置至室温），高氯酸滴定液（0.1mol/L），结晶紫指示液，冰醋酸，醋酐，冰醋酸，醋酸汞试液，基准邻苯二甲酸氢钾，二氧六环。

三、仪器设备

1. 高氯酸滴定液（0.1mol/L）

配制：取无水冰醋酸（按含水量计算，每 1g 水加醋酐 5.22mL）750mL，加入高氯酸（70%～72%）8.5mL，摇匀，在室温下缓缓滴加醋酐 23mL，边加边摇，加完后再振摇均匀，放冷，加无水冰醋酸适量使其成 1000mL，摇匀，放置 24h。若所测供试品易乙酰化，则需用水分测定法测定本液的含水量，再用水和醋酐调节至本液的含水量为 0.01%～0.2%。

标定：取在 105℃干燥至恒重的基准邻苯二甲酸氢钾约 0.16g，精密称定，加无水冰醋酸 20mL 使其溶解，加结晶紫指示液 1 滴，用本液缓缓滴定至蓝色，并将滴定的结果用空白试验校正。每毫升高氯酸滴定液（0.1mol/L）相当于 20.42mg 的邻苯二甲酸氢钾。根据本液的消耗量与邻苯二甲酸氢钾的取用量，算出本液的浓度即可。

储藏：置棕色玻璃瓶中，密闭保存。

2. 结晶紫指示液

取结晶紫 0.5g，加冰醋酸 100mL 使其溶解，即得。

四、操作步骤

精密称取供试品 0.2g，加冰醋酸 50mL、醋酸汞试液 5mL 与二氧六环 8mL 溶解后，加结晶紫指示液 1 滴，用高氯酸滴定液（0.1mol/L）滴定溶液显绿色，并将滴定的结果用空白试验校正，记录消耗高氯酸滴定液的体积数（mL），每毫升高氯酸滴定液（0.1mol/L）相当于 26.61mg 的盐酸阿米洛利（$C_6H_8ClN_7O \cdot HCl$），即得。

注："精密称取"是指称取重量应准确至所称取重量的千分之一；"精密量取"是指量取体积的准确度应符合国家标准中对该体积移液管的精度要求。

思考题

1. 合成中产生的废液如何处理？
2. 产品的合成原理是什么？
3. 甲醇钠的作用是什么？
4. 为什么要用 30% 的盐酸调 pH 值到酸性比较强？
5. 重结晶的原理是什么？

项目二十一　分散染料甲基橙的制备

知识目标

1. 熟悉分散染料的概念，掌握其分子结构的特点。
2. 了解分散染料的分类。
3. 掌握重氮化与偶合反应的反应机理，并能对其进行影响因素分析。
4. 掌握常见偶合分散染料的合成方法与工艺。
5. 掌握常见蒽醌分散染料的合成方法。
6. 了解其他类型分散染料的合成方法。
7. 了解分散染料的发展前景与趋势。

技能目标

1. 能够选择合适的方法合成常见的几类分散染料，并对相关影响因素进行分析。
2. 能够选择合适的工艺条件与反应器。
3. 能按照方案制备分散染料甲基橙。

项目背景

1965 年以前，我国涤纶用分散染料几乎全部需要进口，近年来已大有发展，试制和生产了几乎包括全部色谱的上百种分散染料，使用量大幅度上升，并开发了多种新型的分散染料。各牌号分散染料往往独具特色，例如 Foron 染料素以牢度优良、得色深浓，尤其适于染深色而著称，而 Samaton 染料色光鲜艳，不少品种带有艳丽的荧光，牢度优良，印染浅、中色品种尤其好。

项目分析

分散染料是专用于聚酯纤维的染料，它们在水中的溶解度极小，结构中不含离子化的基团，在染色初期处于分散状态的染料。它们主要是氨基偶氮衍生物、氨基蒽醌衍生物。分散染料的特点和染色性能必须适应被染物质、纤维的特性与要求。

聚酯纤维是分散染料的主要的应用对象，聚酯是内对苯二甲酸甲酯与乙二醇经酯交换及缩聚反应后生成的高聚物。

聚酯纤维是疏水性纤维，聚酯纤维分子的长链中，除两端有羟基外不含其他强极性基团，吸湿性很低，吸水量仅相当其本身质量的 1%。一般水溶性染料很难被吸附，也就难于在纤维中扩散，而且为了使纤维具有一定的断裂强度和稳定形态，将高度结晶的聚合物进行拉伸和热定形处理，使其排列更为整齐和紧密。聚酯纤维整列度高，纤维内部结构紧密，微晶孔道狭小，染色更加困难。聚酯纤维的疏水性虽大，但含有酯基，使分散染料染色成为可能，近年来分散染料已成为聚酯纤维的专用染料。聚酯纤维又具有强度高、弹性好、抗皱性强等优点。适应聚酯纤维染色的染料一般应具备下述要求：

①分子量必须小，否则对组织紧密的纤维难于上染；

②在染料分子结构中应不含强离子性的磺酸基，而含有强碱性基团；

③在水中有微溶性，以提高染料的分散性，从而出现了用各种烷基、羟烷基、磺酰胺类等氨基非离子型亲水性基团的分散染料。

🖐 任务实施　　分散染料甲基橙的制备

一、产品特性与用途

甲基橙为橙黄色鳞状晶体。英文名称为 methyl orange，化学式为 $C_{14}H_{14}N_3O_3SNa$，相对分子质量为 327。它微溶于水，不溶于乙醇，是一种酸碱指示剂。它是由对氨基苯磺酸重氮盐与 N,N'-二甲基苯胺在弱酸性介质中经偶合反应得到的。

偶合反应首先得到的是亮红色的酸性甲基橙，称为酸性黄。在碱存在下，酸性黄可转变为橙黄色的钠盐，即甲基橙。

二、合成原理

（1）重氮化反应

$$H_2N\!-\!\!\!\bigcirc\!\!\!-SO_3H \xrightarrow{NaOH} H_2N\!-\!\!\!\bigcirc\!\!\!-SO_3Na \xrightarrow{NaNO_2/HCl} HO_3S\!-\!\!\!\bigcirc\!\!\!-N_2Cl$$

（2）偶合反应

$$HO_3S\!-\!\!\!\bigcirc\!\!\!-N_2Cl + \bigcirc\!\!\!-N(C_2H_5)_2 \xrightarrow{H^+} HO_3S\!-\!\!\!\bigcirc\!\!\!-N\!=\!N\!-\!\!\!\bigcirc\!\!\!-\overset{+}{N}(C_2H_5)_2$$

（3）甲基橙在 pH 值不同时分子结构的变化

$$NaO_3S\!-\!\!\!\bigcirc\!\!\!-N\!=\!N\!-\!\!\!\bigcirc\!\!\!-N(C_2H_5)_2 \underset{OH^-}{\overset{H^+}{\rightleftharpoons}} HO_3S\!-\!\!\!\bigcirc\!\!\!-N\!=\!N\!-\!\!\!\bigcirc\!\!\!-\overset{+}{N}(C_2H_5)_2$$

三、主要仪器与试剂

电加热套、电动搅拌器及减压抽滤装置等。

对氨基苯磺酸、亚硝酸钠、氢氧化钠溶液（$w=1\%$、$w=5\%$）、浓盐酸、冰醋酸、N,N-二甲基苯胺、氯化钠、尿素、无水乙醇、乙醚、饱和氯化钠溶液、蒸馏水及冰块等。

四、操作步骤

1. 重氮盐的制备

在 250mL 烧杯中放入 15% 的氢氧化钠溶液 60mL 和 6.5g（0.03mol）粉状对氨基苯磺酸晶体，温热使后者完全溶解。对氨基苯磺酸是两性化合物，但其酸性比碱性强，故能与碱作用而生成盐，这时溶液应呈碱性（用石蕊试纸检验），否则需补加 3～5mL 氢氧化钠溶液。然后冷却至室温；另溶 2.5g（0.036mol）亚硝酸钠于 20mL 水中并加入上述烧杯中，在冰盐浴中冷却至 5℃ 以下。在另一个烧杯中放入 10mL 浓盐酸和 30mL 冰水，也放入冰盐浴中冷却至 5℃ 以下。

将对氨基苯磺酸与亚硝酸钠的混合液在搅拌下慢慢倒入冰冷的盐酸溶液中，用刚果红试纸检验，始终保持反应液为酸性，并且控制反应温度在 5℃ 以下。

将反应混合物在冰盐浴中放置 15min，以保证反应全部完成。对氨基苯磺酸的重氮盐在此时往往析出，这是因为重氮盐在水中可电离，形成内盐，在低温下难溶于水而形成细小的晶体析出。用碘化钾淀粉试纸检验溶液中是否有过量的亚硝酸。若碘化钾淀粉试纸变蓝，则表示亚硝酸过量，可加入少量尿素分解。

2. 偶合反应

将 $4mL(0.03mol)N,N$-二甲基苯胺与 $3mL$ 冰醋酸混合，搅拌下将此溶液加到上述重氮盐溶液中。加完后搅拌反应 $10min$。然后缓慢加入 $75mL$ 5% 的氢氧化钠溶液，直至反应液变为橙色。若反应物中尚存 N,N-二甲基苯胺的醋酸盐，在加入氢氧化钠后，就有 N,N-二甲基苯胺析出，影响产物的纯度。将橙色溶液在沸水浴上加热 $5min$，冷却至室温，再于冰水中冷却，使甲基橙晶体析出完全，抽滤，依次用水、乙醇、乙醚洗涤晶体，压干，得甲基橙粗品。

3. 盐析、抽滤

将烧杯从冰盐水浴中取出，恢复至室温。加入 $5g$ 氯化钠，搅拌并放入沸水浴中加热使其全部溶解。冷却至室温后再置于冰水浴中冷却。待甲基橙晶体完全析出后，抽滤。用少量饱和氯化钠水溶液洗涤烧杯和滤纸，压紧抽干。

4. 检验变色效果

把少许甲基醇晶体溶于水，加几滴盐酸，随后用氢氧化钠溶液中和碱化，观察溶液颜色的变化。

五、装置图

甲基橙的制备装置如图 21-1 所示。

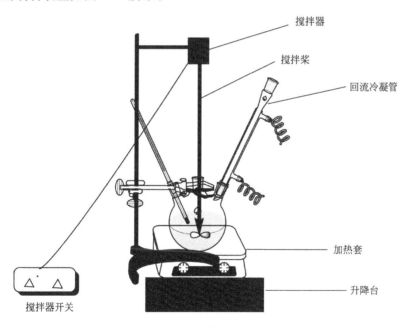

图 21-1　甲基橙的制备装置

知识链接　**分散染料**

一、分散染料的分类

分散染料有两种分类方法：一种是按染料的应用性能分类，主要是按对温度的敏感性；另一种是按染料的分子结构分类。

1. 按染料应用性能分类

按染料染色性能分类缺少统一的标准，各染料厂都有自己的标准，通常在染料名称的字尾加注字母来分类。例如，瑞士山道士（Sandoz）公司的产品 Foron 牌号分散染料分为 E、SE 及 S 型三种。近年来我国染料生产厂也采用了类似的应用分类。

（1）E 型（低温固着型或低温吸附型） 其特点是：分子量小，低温时固着率高，随染色温度升高而其固着率降低，匀染性好，移染性、遮盖件均好，但升华牢度低，适用于高温高压染色。

（2）S 型（高温固着型） 其特点是：分子量大，低温时固着率很差，随染色温度升高而其固色率也上升，220℃可达到最高固色率。一般情况固色率较高，匀染性差，移染性及遮盖性均不如 E 型，热熔升华牢度好，适用于热熔染色，耐树脂整理。

（3）SE 型（中温固着型） 这是介于上述两种类型之间的一类染料，分子量较大，低温时有较高的固着率，并随着染色温度升高而增加，220℃时可达到最高固色率。这类染料一般受温度影响较小，并且曲线平坦，这样就不会因为染色温度上下波动而造成色差、升华牢度中等，匀染性、移染性及遮盖性中等。它既适用于高温、高压染色，也适用于热熔染色。

2. 按化学结构分类

分散染料品种较多，按化学结构来说，以偶氮、蒽醌为主，这两类染料约占全部分散染料的 85%，其他各类型的分散染料只占少数，见表 21-1。从色谱来看，单偶氮类主要有黄、红、蓝以及棕色等品种，蒽醌类主要有红、紫和蓝色品种，其他类主要有黄、橙和红色品种，杂环结构的品种色泽鲜艳，近年来发展与增加很快。

表 21-1 分散染料结构分类表

染料名称	化学结构式	相对分子质量	200℃扩散系数（厘米²/秒）
分散蓝 G(C,I,分散蓝 26)		298	2.2×10^{-3}
分散红 3B(C,I,分散红 60)		330	2.9×10^{-3}
地司潘素紫 A-2R(C,I,分散紫 14)		238	4.9×10^{-3}
分散蓝 B(C,I,分散蓝 14)		242	5.3×10^{-3}

二、偶氮型分散染料

偶氮型分散染料中主要是黄、橙、红、黄棕等色谱的品种，也包括紫色和蓝色，多数属单偶氮染料，双偶氮染料既有浅色也有深色品种。根据分散染料分子结构的要求，需合成专用中间体，特别是偶合组分。偶氮型分散染料已成为分散染料中主要的结构类型。绝大部分的偶氮染料是由芳香胺类经重氮化后与酚类、芳香胺类、具有活性的亚甲基化合物偶合而成的，芳胺称为重氮组分，被偶合的化合物称为偶合组分。因此，重氮化、偶合是合成和生产偶氮染料的两个主要反应步骤。

1. 重氮化反应

芳香胺类与脂肪胺类不同，经强酸和亚硝酸钠处理后，在氨基所在位置取代上一个具有两个氮原子的重氮基，按下式反应。

$$ArNH_2 + 2HCl + NaNO_2 \longrightarrow ArN_2Cl \ NaCl + 2H_2O$$

事实上重氮物是一种电解质，它和其他电解质一样，在水溶液中电离成电荷相反的两种离子，其中芳香重氮部分构成带正电荷的离子，而负电荷离子为任何酸类的酸根或羟离子（OH^-）所构成；所以重氮物可按下式表示。

$$ArN_2X \Longrightarrow ArN_2^+ + X^-$$

X 可以为 Cl^-、SO_4^{2-}、NO_3^- 和 OH^-。重氮化合物是一种盐类化合物，所以也称为重氮盐，具有盐的性质，易溶于水，不溶于有机溶剂。

在浓硫酸中，则是亚硝酰阳离子 NO^+ 参与重氮化反应，如下所示。

$$NaN_2 + 2H_2SO_4 \longrightarrow N^+O + H_2SO_4 + NaHSO_4 + H_2O$$

$$ArNH + N^+O \longrightarrow ArNH-N=O \Longrightarrow ArN=N-OH \longrightarrow ArN_2^+$$

2. 偶合反应

重氮化合物与酚类、芳香胺类或含有活泼亚甲基的各种脂肪族化合物及杂环化合物，在适当的 pH 值下，能很快地生成有色的偶氮染料。这一反应，称为偶合反应。而能与重氮化合物发生偶合反应的酚类、芳香胺类等称为偶合剂。

优良的偶合剂，都是含有强烈给电子性的芳香族化合物，可见偶合反应是带有正电荷的重氮离子与带有负电荷的偶合剂之间的反应，是一个极性反应。但是重氮正离子因为与苯环离域的结果，对电子的亲和力不如硝化反应的硝基正离子、氯化反应的氯正离子那样强烈。

从反应机理的各种研究表明，重氮盐和酚、芳胺以及具有活泼亚甲基化合物的偶合是一个亲电取代反应。产生作用的是重氮盐阳离子和游离胺、酚，以及活泼亚甲基化合物的电子云密度较高的位置。在反应过程中，第一步是重氮盐阳离子和偶合组分结合形成一个中间产物；第二步是这个中间产物释放出质子给接受体，而生成偶氮化合物。

3. 重氮组分与偶合组分

单偶氮分散染料的化学结构中，都是重氮组分具有吸电子基，偶合组分具有供电子基。这样有利于染料的合成，也将使染料激发态能级降低，产生深色效应。按照分子轨道理论，偶合组分中的氨基或氨基衍生物的氮原子上孤电子对可组成非键轨道，电子将由能级较高的非键轨道激发到激发态，能级差减小，故氨基或氨基衍生物作为供电子基有很强的深色和浓色效应，由于染料分子中的芳伯胺（重氮组分）具有吸电子基，使染料具有极性，激发态的正负电荷将更加分散，容易发生负电荷转移激化，激发态能级更旺，深色和浓色效应更加显著。

（1）重氮组分的结构与颜色的关系　芳伯胺苯环上具有吸电子基，染料颜色加深，加深的程度随取代基的数目、位置和吸电子能力大小而变化。吸电子取代基数目越多，吸电子的能力越强，深色效应越显著。吸电子取代基在偶氮基的对位效果最大，如下所示。

X_1	X_2	λ_{max}/nm
H	H	410
H	OCH_3	410
H	$COCH_3$	438
H	SO_2CH_3	438
H	NO_2	468
Cl	NO_2	498

根据取代基的数目、位置、吸电子性能的强弱，取代基深色效应如下所示。

取代基的位置与颜色也有密切关系，如果取代基体积较大，还会产生空间效应，使偶氮双键的 n 电子云和苯环的 n 电子云难于保持平面，或者取代基相互间存在空间效应，在重氮组分偶氮基的邻位，或者在对位硝基的邻位再引入一些取代基，往往也会产生空间障碍。所以，分散染料的芳伯胺苯环上的第一个取代基在偶氮基的对位，第二和第三个取代基一般是引在偶氮基的邻位，而不是硝基的邻位，这样空间障碍相对小一些，而且以引入体积较小的 —Cl、—Br、—CN 的深色效应最好。染料的颜色和取代基的关系如下所示。

R_1	H	NO_2	CN	CN
R_2	H	Br	Br	CN
R_3	NO_2	NO_2	NO_2	NO_2
λ_{max}/nm	453	498	506	549

从上述邻位具有 —NO_2 及 —CN 的结果可知，虽然从吸电子性能来讲，—NO_2＞—CN，但生成邻硝基染料的吸收波长，一般比邻氰基染料的吸收波长向短波方向转移，这就和一般定性结论："当重氮组分中引入吸电子取代基偶合组分中引入给电子取代基，引起的深色效应特别大，并且也增加了吸收强度，也即增加浓色效应"相违反。为此，Hoyer、Schick-Flass 及 Steckelberg 作了解释：偶氮基旁引入邻硝基后，取代基和偶氮基 p 氮原子上未共用电子对产生空间障碍。当引入氰基后，因氰基的空间排布和硝基不同，并不是平面对称的。Griffith 认为是呈棒状（rod-like shape）结构，可以采用碳氮三键空间排布，故空间障碍较

小。由此可见，在激发态时，氰基和偶氮基的 p 氮原子上未共用电子对产生的空间障碍不会增大，激发态能位不会上升，染料相应地吸收较长波长，如下所示。

$$\lambda_{max} = 555nm$$

$$\lambda_{max} = 590nm$$

$$\lambda_{max} = 605nm$$

$$\lambda_{max} = 625nm$$

因此，用对硝基邻氰基苯胺为重氮组分时，偶合组分不必引入过多的给电子取代基，即可合成深蓝色的分散染料。

若重氮组分为杂环，颜色显著变深，而且鲜艳。根据杂环上吸电子性能的强弱，其深色效应次序为在杂环中再引入吸电子基，深色效应更强，如下所示。

对于带有杂环的如苯并噻唑的衍生物，引入的吸电子基的强度顺序如下。

$$X: -NO_2 > -CN > -SCN > -CH_3 > -OCH_3$$

下面两种染料，偶合组分相同，重氮组分为氨基噻吩衍生物，相当于重氮组分的苯环上有 —NO$_2$、—CN 和 —Br 三个吸电子基的 λ_{max}。在 3 位上引入吸电子基（—NO$_2$）后，最大吸收波长由 502nm（红）增长到 603nm（绿蓝），如下所示。

$$\lambda_{max} = 502nm$$

$$\lambda_{max} = 603nm$$

（2）偶合组分的结构与颜色的关系　　单偶氮染料的偶合组分主要是苯胺衍生物。偶合组分取代氨基的给电子性增加，染料的 λ_{max} 向长波方向移动，若取代氨基的吸电子性增加，则染料的 λ_{max} 向短波方向移动，如下所示。

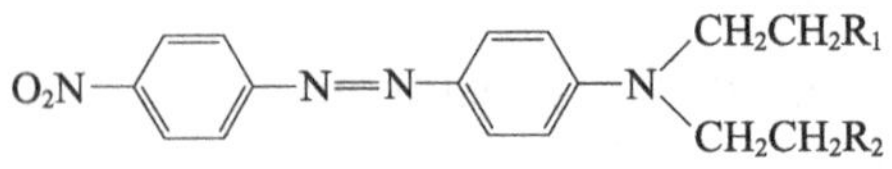

R_1	R_2	λ_{max}/nm
—OH	—OH	475
—OH	—CN	451
—CN	—CN	432

与重氮组分原理一样，偶合组分中的取代基位置和颜色也有密切关系，氨基邻位取代基越多，取代基体积越大，吸收波长越短。染料的颜色和取代基的关系如下所示。

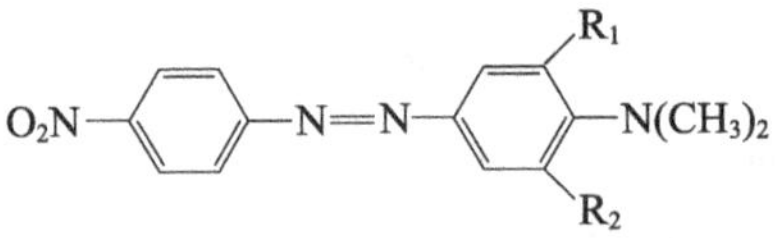

R_1	H	H	CH_3	H
R_2	H	CH_3	CH_3	C_3H_7
λ_{max}/nm	475	438	423	420

所以要在分散染料偶合组分中引入供电子取代基，往往是引入氨基的间位，这样有最强的深色效应，见表21-2。

表 21-2　偶合组分取代基和颜色的关系

Ar	λ_{max}/nm	Ar	λ_{max}/nm
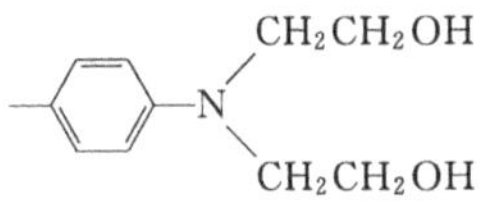	527	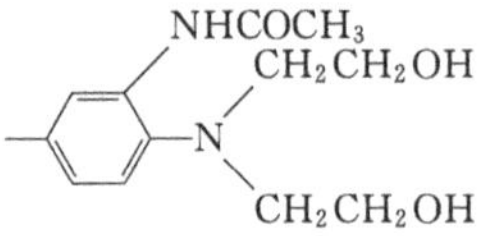	547
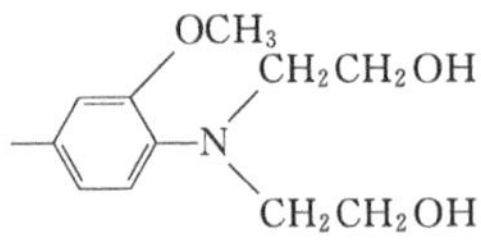	545	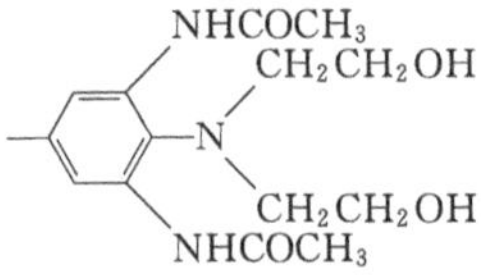	580

染料通式：

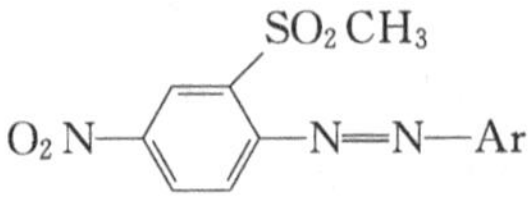

三、蒽醌型分散染料

蒽醌型分散染料色泽鲜艳，主要是红、紫、蓝、翠蓝等深色品种。蒽醌型分散染料的结构与发色有很大关系，其化学结构与还原染料不同的是只具有单蒽醌环的简单结构，它的发色系统以蒽醌的 α 位最为显著。α 位上引入两个供电子基，深色效应增加（尤其是两个取代基在同一苯环上时）；全部四个位上都引入供电子基，深色效应更为显著。

1. 1-氨基-4-羟基或 1,4-二氨基蒽醌型分散染料

这类染料的氨基被烷基取代后颜色加深，如下所示。

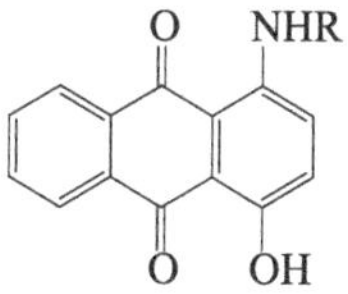

R＝H，为蓝光红；R＝CH₃，为紫

R＝C₄H₉，为红光蓝；R＝C₆H₆NHCOCH₃，为蓝

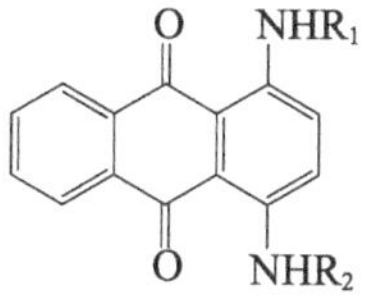

R₁＝R₂＝H，为紫红；R₁＝H，R₂＝C₄H₉，为蓝

R₁＝R₂＝C₆H₅，为绿色；R₁＝CH₃，R₂＝CH₂CH₂OH，为蓝

在 1-氨基-4-羟基或 1,4-二氨基蒽醌的 β 位引入取代基的分散染料，这类染料的 β 位上引入取代基，对发色的影响不大，基本色调不变；引入供电子基时略微产生浅色效应，引入吸电子基则产生深色效应，如下所示。

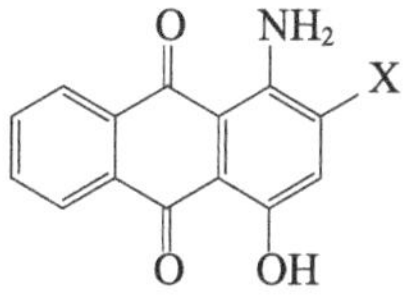

X为：—OCH₃，—OCH₂CH₂OH，—OCH₂CH₂OCH₂CH₂OCH₃，—O—

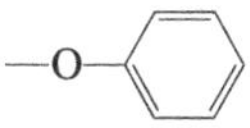

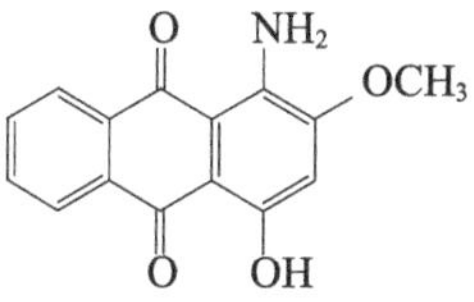

分散红桃RF 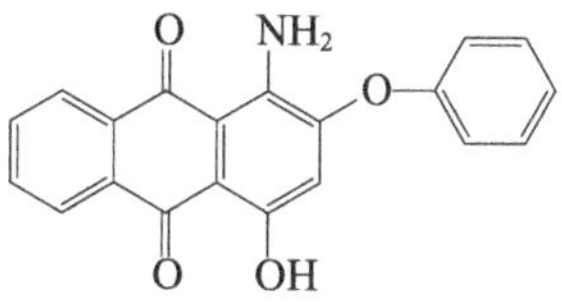　　　　分散红3B(C.I.分散红60;C.I.60756)

分散红 3B 是老品种三原色之一，色光鲜艳，日晒牢度、匀染性和提升率均较好，但升华牢度很差，仅 2 级。适用于高温、高压染色，主要用于拼色，可与分散黄 RGFL、分散蓝 2BLN 拼混成藏青，灰、黑色。例如：分散红 30％～35％、分散蓝 2BLN 40％～45％和分散黄 RGFL 25％拼混成分散灰 N，如改变为 23：46：31，则拼混为分散黑 TW。该染料合成比较容易，主要过程如下所示。

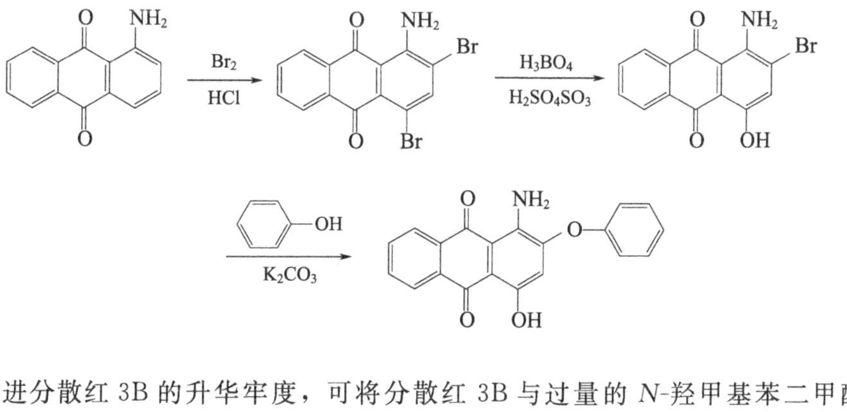

为了改进分散红 3B 的升华牢度，可将分散红 3B 与过量的 N-羟甲基苯二甲酰亚胺作用，得到分散红 Ⅱ，升华牢度可达 4～5 级，色光略带黄光。

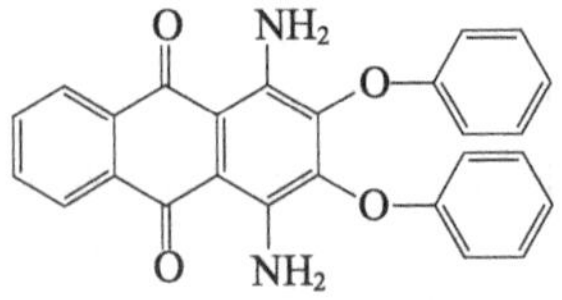

分散紫 H-FRL（C. I. 分散紫 3B C. I. 62025）

　　分散紫 H-FRL 是在 β 位上引入供电子基苯氧基，产生浅色效应，色泽鲜艳，作为印花用主要红紫色分散染料，也可作为漂白时的着色剂，如下所示。

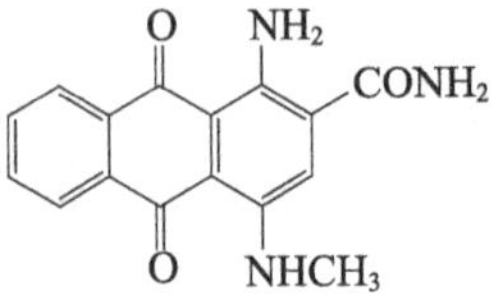

分散蓝FB

1,4-二取代氨基蒽醌的 β 取代物如下所示

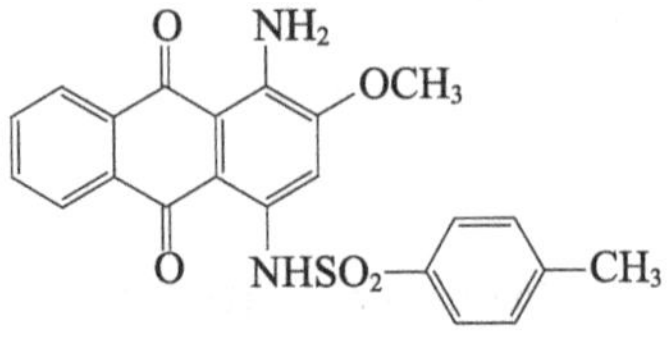

分散红H-GLN(C.I.分散红86)

　　分散红 H-GLN 是一种很好的桃红色料，色光鲜艳，特别在浅色时日晒及气候牢度尚优，只是升华牢度较差。由于 4-氨基被对甲苯磺酰基取代，减弱了氨基的供电子性，而且由于 β 位有供电子性甲氧基存在，所以颜色由紫转变为红色。它的合成过程如下所示。

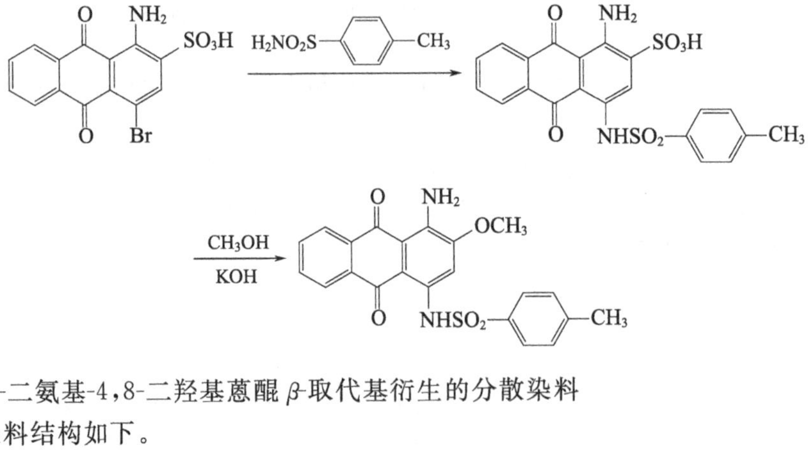

　　2. 1,5-二氨基-4,8-二羟基蒽醌 β-取代基衍生的分散染料

　　蒽醌染料结构如下。

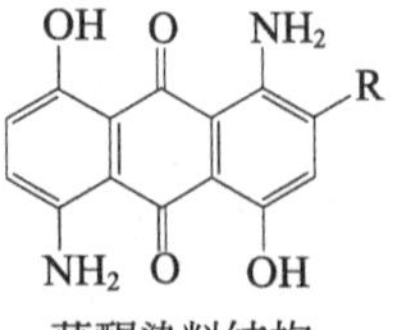

蒽醌染料结构

　　色光鲜艳的蓝色分散染料大都具有上述结构，引入取代基 X 的目的是为了改变色光增强升华牢度。例如：

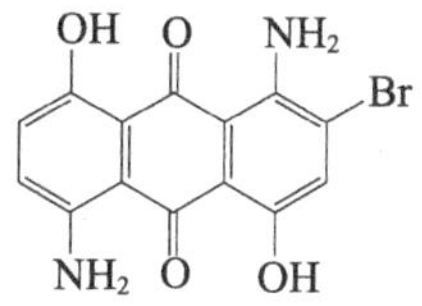

分散蓝2BLN(C.I.分散蓝56)

　　该染料为老品种的三原色之一，是国内大量生产的一个染料，日晒、气候牢度优良，升华牢度尚可，虽属 E 型染料，但可作 S 型染料应用，可用热熔法染色。由于蒽醌磺化制取蒽醌 1,5-二磺酸的汞害问题难于解决，而且 1、4、5、8 位置要定得准，因此现在生产分散蓝 2BLN 已有其他路线合成。

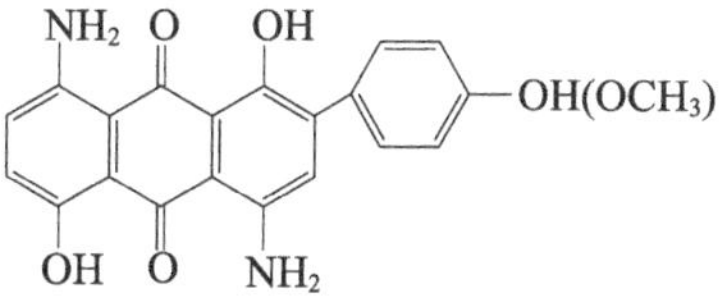

分散蓝BGL(C.I.分散蓝73)

　　分散蓝 BGL 染料主要用于染色，单色和拼色都可使用，与分散黄棕 S-2RFL 和红玉 2GFL 可拼得深色品种，升华牢度好，其他牢度也好，为热溶染色的蓝色中的优秀品种。只有上色率曲线较陡，在热溶染色中固色率为 70% 左右，在高温、高压染色中固色率稍有提高，而且稳定性好，不变色，特别适用于浅中色。合成过程如下。

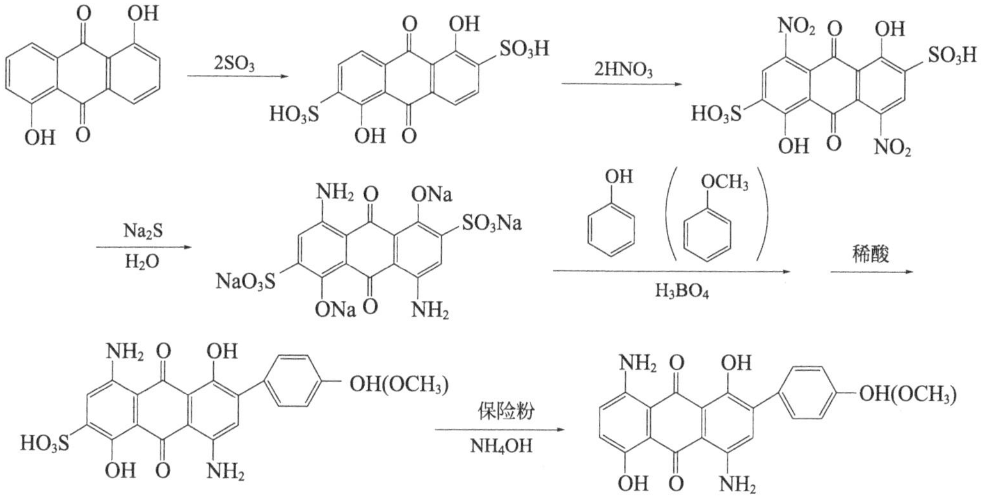

分散蓝BGL合成路线

3. 1,4-二氨基-2,3-二羧酰亚胺蒽醌型分散染料

　　这一类染料为翠蓝色，色光纯正，日晒牢度尚可，提升率较差，升华牢度不好，合成复杂，价格昂贵。通式如下所示。

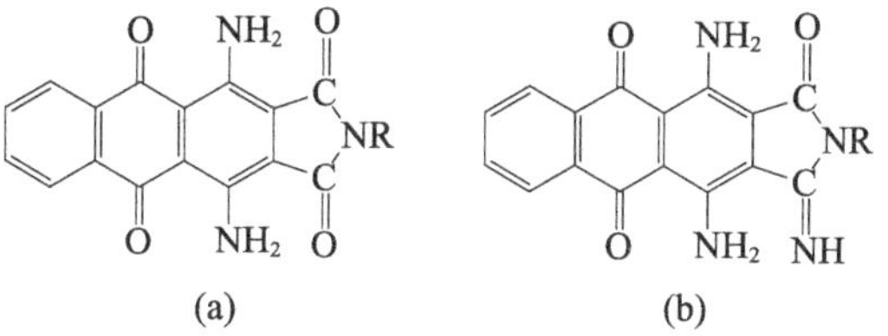

1,4-二氨基-2,3-二羧酰亚胺蒽醌结构通式

　　以（b）式为通式的染料的提升率比以（a）为通式的好，但合成（b）时，部分会水解为（a），所以不可能得到单一产物，实际上是（a）和（b）的混合物。变换 R 取代基可获得性能良好的产品，如下所示。

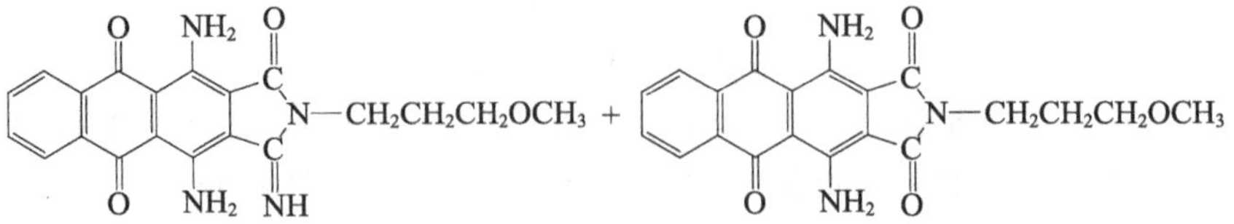

分散翠蓝S-GL(C.I.分散蓝87)

合成路线如下所示。

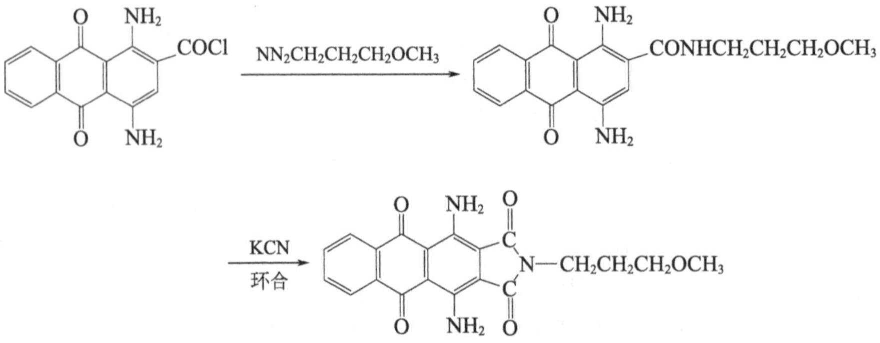

分散翠蓝S-GL合成路线

四、分散染料的发展

1. 多组分分散染料

　　近年来，在科研和生产中多组分分散染料越来越引起人们注意。在某些情况下，它的色光、牢度和应用性能均优于单一组分分散染料，这种能提高牢度和应用性能的作用称为增效作用。多组分分散染料是指色相接近、化学结构大体相同（个别基团不同）的分散染料的混合物，但不包括染料制备过程中产生的异构体。多组分一般是两个，但也有三、四个的，组分之间有一定比例。

　　各国生产的分散蓝 BGL 是由两组分构成的，结构如下所示。如果只采取其中一个组分，染色性能则不佳。

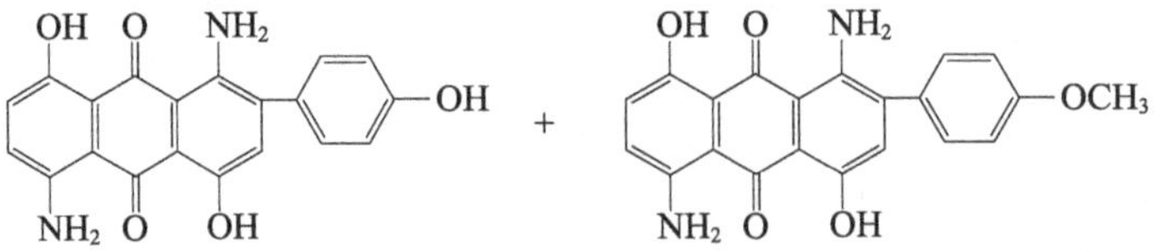

散蓝BGL组分构成

　　综上所述，可以看出多组分分散染料的增效作用，能够明显地提高染料利用率，从而带来很大的经济效益。目前这种多组分分散染料偏重于蓝色分散染料，广泛应用于中温型、高温型和快速型分散染料。

2. 转移印花用分散染科

　　转移印花是近年来发展起来的一项新技术，是一种干法加工，用于非水相的印染加工工艺，转移印花是借助于分散染料升华和聚酯纤维受气相染料上染的新印花方法。转移印花时，先将分散染料制成油墨，再用这种印刷油墨将设计好的图案用一般印刷方法印到纸上，得到转移印花纸，然后再把转移印花纸和织物复合在一起，经过高温、高压压烫，纸上的花纹即转移到织物上去。

转移印花用的染料一般应具有下列特点。

① 为了使染料能在不太高的温度中升华、转移和具有较好的水洗牢度，染料的相对分子质量不能太大，有人认为相对分子质量在 250～270 之间较合适，也有人认为在 230～370 之间最好。

② 染料气体能向织物转移，而且能向织物内部泳移。

③ 染料的升华温度要在 200℃ 以下。

④ 转移后染色牢度要符合穿着要求。

⑤ 染料和印花纸无亲和力。

黄色转移印花染料结构如下所示。

$$H_3COCHN \longleftarrow N=N \longrightarrow OH, CH_3$$

分散黄G(相对分子质量为269)

红色转移印花染料结构如下。

分散红RLZ(相对分子质量为287)　　分散红3B(相对分子质量为331)　　分散艳红4BN(相对分子质量为268)

蓝色转移印花染料结构如下。

分散蓝B(相对分子质量为266)　　分散艳蓝FFR(相对分子质量为296)

3. 水暂溶性分散染料

目前使用的分散染料都是非离子型、不含水溶性基团的染料，在水中溶解度极小。对涤纶的染色是以高度扩散的分散体形式进行的，因此，分散染料要先研磨成 1～2μm 的均匀细粒子，并加入大量分散剂，以防止染料的聚集，故分散染料的加工是相当昂贵的。

通过在分散染料的分子中引入水溶性基团，如—SO_3H、—COOH 等，可使染料溶于水，而在染色条件下，染料遇到高温使水溶性基团脱落，又变成不溶性染料，从而达到对涤纶的印染。这种染料可以省去研磨，减少分散剂用量。

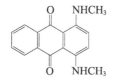

当前，水暂溶性分散染料的研究，都是以传统的分散染料为母体，在结构上进行微小的改进，改进方法如下。

① 引进印染过程中遇热能分散脱落或发生水解的水溶性基团。

② 引进遇热发生闭环反应而消失的水溶性基团。

③ 引进遇热则能转变成不溶性基团的水溶性基团。

思考题

1. 对氨基苯磺酸重氮化时，为什么要把反应温度控制在 0～5℃？

2. 在本实验中，偶合反应是在什么介质中进行的？为什么？

3. 叙述分散染料的定义与结构特征。

4. 写出下列偶氮分散染料的色基与色酚。

5. 指出下列芳胺的重氮化工艺。

6. 如何检测重氮化反应过程中酸与亚硝酸钠过量问题？

7. 偶合反应的配料原则与规律要求？

8. 如何用渗圈试验判断偶合终点？

9. 液体分散染料的特点？

项目二十二　助剂在乳胶漆中的应用

知识目标

1. 掌握乳胶漆的主要组成。
2. 掌握各种助剂在乳胶漆中的作用。
3. 了解乳胶漆的主要类型及其应用。
4. 了解生产乳胶漆的常用原料。

技能目标

1. 能利用数据库、网络、图书馆等工具进行相关内容的搜索。
2. 会制定操作方案。
3. 能进行相关设备的操作。
4. 能按照规范填写实验记录和产品报告。

项目背景

进入涂料生产企业后，对涂料的基本知识、原料、生产状况等已经有了基本的认识和了解。乳胶漆的生产核心在配方，从现在开始应该对乳胶漆的配方有一个基本的认识，能够从一个配方得出一些有用的信息，能够通过配方大概比较出配方的优劣，并通过小样的制备对配方的合理性进行验证。

项目分析

乳胶漆的主要质量指标有细度、黏度、对比率、耐擦洗等指标，对于这些指标，可以通过调整乳胶漆的颜基比或颜料体积浓度来进行调整。颜基比越大，则乳胶漆的对比率会增大，但耐擦洗能力会降低；反之，颜基比越小，则乳胶漆的对比率会减小，但耐擦洗能力会提高。同时，合理调整颜填料中各组分的比例，也会使得乳胶漆的对比率和耐擦洗能力同时提高。提高乳胶漆的性能可以从以下几个方面着手。

① 增加颜料用量，减小填料用量，但总量不变。

② 增加颜料用量，减小填料用量，但总量不变，增加乳液用量。

任务实施　助剂在乳胶漆中的应用

任务一　基础配方

一、基础配方

乳胶漆的基础配方见表22-1。

表 22-1　乳胶漆的基础配方

投料序号	原料名称	投料数量/g	备注
1	水	270	
开动搅拌机,将转速增至 500r/min,然后逐步和缓慢地加入下列原料			
2	PE-100	1	
3	5040	5	
4	NXZ	1.5	
5	HBR 250	2	
搅拌 3min,在搅拌下慢慢地加入下列原料,调搅拌速度为 1000r/min			
6	钛白粉	25	
7	滑石粉	47	
8	轻钙	165	
9	重钙	155	
10	高岭土	95	
投入完毕后,调搅拌速度至 2000~2500r/min,搅拌 30min。细度合格后,停止搅拌。 在搅拌状态下加入下列物质,调搅拌速度为 1000r/min			
11	醇酯 12	6.5	
12	乙二醇	10.5	
13	氨水	1	
14	水	86.2	
15	苯丙乳液	105	
16	NXZ	1	
17	RM2020	1.5	
18	增稠剂		
19	水	12	
20	TT935	4	
搅拌 20min,搅拌均匀,检验合格后包装			
合　计		1000	

作业者:

细度	小于 50μm	黏度	85KU

二、制备工艺

1.浆料的制备

将部分水、分散剂、消泡剂、防腐剂、防霉剂、少量增稠剂投入分散缸中,搅拌均匀,然后在搅拌状态下加入颜料和填料,快速分散 30~60min,如有必要也可以用砂磨机代替快速分散,效率更高。细度合格后进行第二步。此阶段一般不加入乳液,以免机械剪切后乳液性能破坏。

在浆料中边搅拌边加入乳液、增稠剂、消泡剂、成膜助剂、防冻剂、pH 调节剂搅拌 20~30min 至完全均匀,即可进行产品指针控制的检测,产品控制指标结果哪项不合格,再针对该项目加入相应原料做细微调整,使各产品控项目合格。

2. 过滤及包装

在乳胶漆的生产过程中，由于原料繁多，会存在一些不易被分散的杂质，对施工效果有不良影响，因此，需经过滤后才能得到更完美的产品，可根据产品要求的不同，选择不同规格的滤袋或筛网进行过滤。

任务二 增加颜料用量，减小填料用量，但总量不变

一、配方

颜料因素的配方见表 22-2。

表 22-2 颜料因素的配方

投料序号	原料名称	投料数量/g	备注
1	水	270	
开动搅拌机,将转速增至 500r/min,然后逐步和缓慢地加入下列原料			
2	PE-100	1	
3	5040	5	
4	NXZ	1.5	
5	HBR 250	2	
搅拌 3min,在搅拌下慢慢地加入下列原料,调搅拌转速度至 1000r/min			
6	钛白粉	50	
7	滑石粉	47	
8	轻钙	150	
9	重钙	145	
10	高岭土	95	
投入完毕后,调搅拌速度至 2000~2500r/min,搅拌 30min。细度合格后,停止搅拌。 在搅拌状态下加入下列物质,调搅拌速度至 1000r/min			
11	醇酯 12	6.5	
12	乙二醇	10.5	
13	氨水	1	
14	水	86.2	
15	苯丙乳液	105	
16	NXZ	1	
17	RM2020	1.5	
18	增稠剂		
19	水	12	
20	TT935	4	
搅拌 20min,搅拌均匀,检验合格后包装			
合　计		1000	
作业者:			
细度	小于 50μm	黏度	85KU

二、制备工艺

1. 浆料的制备

将部分水、分散剂、消泡剂、防腐剂、防霉剂、少量增稠剂投入分散缸中，搅拌均匀，然后在搅拌状态下加入颜料和填料，快速分散 30～60min，如有必要也可以用砂磨机代替快速分散，效率更高。细度合格后进行第二步。此阶段一般不加入乳液，以免机械剪切后乳液性能破坏。

在浆料中边搅拌边加入乳液、增稠剂、消泡剂、成膜助剂、防冻剂、pH 调节剂搅拌 20～30min 至完全均匀，即可进行产品指针控制的检测，产品控制指标结果哪项不合格，再针对该项目加入相应原料做细微调整，使各产品控项目合格

2. 过滤及包装

在乳胶漆的生产过程中，由于原料繁多，会存在一些不易被分散的杂质，对施工效果有不良影响，因此，需经过滤后才能得到更完美的产品，可根据产品要求的不同，选择不同规格的滤袋或筛网进行过滤。

任务三　增加颜料用量，减小填料用量，但总量不变，增加乳液用量

一、配方

乳液因素优化配方见表 22-3。

表 22-3　乳液因素优化配方

投料序号	原料名称	投料数量/g	备注
1	水	270	
开动搅拌机,将转速增至 500r/min,然后逐步和缓慢地加入下列原料			
2	PE-100	1	
3	5040	5	
4	NXZ	1.5	
5	HBR 250	2	
搅拌 3min,在搅拌下慢慢地加入下列原料,搅拌转速 1000r/min			
6	钛白粉	55	
7	滑石粉	47	
8	轻钙	150	
9	重钙	140	
10	高岭土	95	
投入完毕后,调搅拌速度至 2000～2500r/min,搅拌 30min。细度合格后,停止搅拌。 在搅拌状态下加入下列物质,调搅拌速度 1000r/min			
11	醇酯12	6.5	
12	乙二醇	10.5	
13	氨水	1	

续表

投料序号	原料名称	投料数量/g	备注
14	水	86.2	
15	苯丙乳液	120	
16	NXZ	1	
17	RM2020	1.5	
18	增稠剂		
19	水	12	
20	TT935	4	
搅拌 20min,搅拌均匀,检验合格后包装			
合　计		1000	
作业者:			
细度	小于 50μm	黏度	85KU

二、制备工艺

1. 浆料的制备

将部分水、分散剂、消泡剂、防腐剂、防霉剂、少量增稠剂投入分散缸中，搅拌均匀，然后在搅拌状态下加入颜料和填料，快速分散 30~60min，如有必要也可以用砂磨机代替快速分散，效率更高。细度和合格后进行第二步。此阶段一般不加入乳液，以免机械剪切后乳液性能被破坏。

在浆料中边搅拌边加入乳液、增稠剂、消泡剂、成膜助剂、防冻剂、pH 调节剂，搅拌 20~30min 至完全均匀，即可进行产品指针控制的检测，产品控制指标结果哪项不合格，再针对该项目加入相应原料做细微调整，使各产品控项目合格

2. 过滤及包装

在乳胶漆的生产过程中，由于原料繁多，会存在一些不易被分散的杂质，对施工效果有不良影响，因此，需经过滤后才能得到更完美的产品，可根据产品要求的不同，选择不同规格的滤袋或筛网进行过滤。

知识链接　乳胶漆制备流程及其中的助剂

一、乳胶漆助剂

1. 增稠剂

水性涂料中加入增稠剂能增加黏度，使颜料沉淀减慢，而且沉淀松散，易搅拌均匀，防止颜色不匀，保证涂料的储存稳定性。有些增稠剂加入水性涂料中，使水性涂料具有一定的稠度和触变性，水性涂料施工时涂刷省力，又可减少施涂时滴流和流挂，保证涂层的外观和质量。增稠剂和表面活性剂一样，有阴离子、阳离子、非离子三类。

2. 润湿分散剂

在乳胶漆中润湿分散剂的作用是吸附在颜（填）料颗粒的表面，通过降低此界面的张力，使颜（填）料在分散过程中更迅速地经过润湿和分散达到理想的一次粒子状态，并能有效防止这种已经分离的粒子再重新相互结合，使其保持稳定的分散状态。

3. 消泡剂

水性涂料中包含了许多表面活性剂，如乳液中的乳化剂、涂料中的增稠剂、润湿剂、分

散剂等，它们都有起泡倾向。在水性涂料的制备过程中，起泡将干扰制备工作的正常进行，必须加入消泡剂。

4. 成膜助剂

成膜助剂又称聚结助剂，它能促进乳胶粒子的塑性流动和弹性变形，改善其聚结性能，能在广泛的施工温度范围内成膜。成膜助剂是一种易消失的暂时增塑剂，因而最终的干膜不会太软或发黏。

5. 防腐剂

1,2-苯并异噻唑啉-3-酮（BIT）的结构式如下。

属于该类防腐剂的有：Proxel GXL、Proxel XL-2、Troysan-586、Mergal K10-N、Biocide BIG-A 50M、杀菌防腐剂 PT 等。

5-氯-2 甲基-4-异噻唑啉-3-酮/2-甲基-4-异噻唑啉-3-酮（CMIT/MIT）的结构式如下。

CMIT   MIT

属于此类防腐剂的有 Kathon LXE、Acticide SPX、Biocide K10SG、Bactrachem W15、华科-88 等。

6. pH 调节剂

乳胶漆 pH 值对其稳定性、抗菌性和消泡的难易都有影响，通常控制在 7.5～10 之间，偏碱性。常采用 AMP-95、AMP-90、氨水、氢氧化钠、氢氧化钾等来调节 pH 值。

7. 防冻剂

乳液和乳胶漆都是以水为分散介质，水的冰点高，在 0℃ 会结冰。这对乳胶漆在冬季的运输和储存带来不便。常用的防冻剂有丙二醇、乙二醇和二醇醚类等。

二、乳胶漆制备流程

1. 浆料的制备

将部分水、分散剂、消泡剂、防腐剂、防霉剂、少量增稠剂投入分散缸中，搅拌均匀，然后在搅拌状态下加入颜料和填料，快速分散 30～60min，如有必要也可以用砂磨机代替快速分散，效率更高。细度合格后进行第二步。此阶段一般不加入乳液，以免机械剪切后乳液性能破坏，如图 22-1 所示。

2. 调漆

在浆料中边搅拌边加入乳液、增稠剂、消泡剂、成膜助剂、防冻剂、pH 调节剂，搅拌20～30min 至完全均匀，即可进行产品指针控制的检测，产品控制指标结果哪项不合格，再针对该项目加入相应原料做细微调整，使各产品控项目合格。

3. 过滤及包装

在乳胶漆的生产过程中，由于原料繁多，会存在一些不易被分散的杂质，对施工效果又不良影响，因此，需经过滤后才能得到更完美的产品，可根据产品要求的不同，选择不同规格的滤袋或筛网进行过滤。

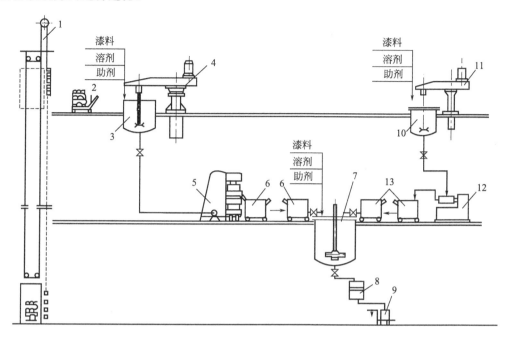

图 22-1　乳胶漆生产的工艺流程

1—载货电梯；2—手动升降式叉车；3—配料预混合罐（A）；4—高速分散机（A）；

5—砂磨机；6—移动式漆浆盒（A）；7—调漆罐；8—振动筛；9—磅秤；

10—配料预混合罐（B）；11—高速分散机（B）；12—卧式砂磨机；13—移动式漆浆盆（B）

思考题

1. 影响产品效果的关键因素是什么？

2. 本产品的乳液类型如何确定？

3. 乳胶漆的制备流程是什么？

4. 乳胶漆的制备过程中用到哪些助剂？

参 考 文 献

[1] 周立新等．实验室研究与探索，2007，26（9）：81．

[2] 路贵斌等．实验技术与管理，2008，25（10）：172．

[3] 田太福．实验技术与管理，2010，27（6）：184．

[4] 李伟．内蒙古石油化工，2011，8：81．

[5] LGS 软件工作室．化学品电子手册．北京：化学工业出版社，2007：34．

[6] 郭东明．辽宁化工，2011，40（8）：876．

[7] 王世荣等编．表面活性剂化学．北京：化学工业出版社，2010：120-150．

[8] GB 7658—2005《食品添加剂　山梨糖醇液》．

[9] GB/T 1603—2001《农药乳液稳定性测定方法》．

[10] 胡鑫鑫等．当代化工，2011，40（5）：454-456．

[11] 蔡照胜，杨春生，朱雪梅等．应用化工．2006，35（1）：74-74．．

[12] 国家药典委员会编．中华人民共和国药典．北京：化学工业出版社，2005．

[13] 路艳华等．染料化学．北京：中国纺织出版社，2009：150-160．

[14] 黄健光．涂料生产技术．北京：科学出版社，2010：234-236．